中国省区间碳减排责任分摊研究

赵慧卿　著

南开大学出版社

图书在版编目(CIP)数据

中国省区间碳减排责任分摊研究 / 赵慧卿著. —天
津:南开大学出版社,2016.1
ISBN 978-7-310-05050-5

Ⅰ.①中… Ⅱ.①赵… Ⅲ.①二氧化碳－减量化－排
气－研究－中国 Ⅳ.①X511

中国版本图书馆 CIP 数据核字(2016)第 001204 号

版权所有　侵权必究

南开大学出版社出版发行

出版人:孙克强

地址:天津市南开区卫津路 94 号　　邮政编码:300071

营销部电话:(022)23508339　23500755

营销部传真:(022)23508542　　邮购部电话:(022)23502200

*

唐山新苑印务有限公司印刷

全国各地新华书店经销

*

2016 年 1 月第 1 版　2016 年 1 月第 1 次印刷

230×160 毫米　16 开本　11.75 印张　2 插页　168 千字

定价:33.00 元

如遇图书印装质量问题,请与本社营销部联系调换,电话:(022)23507125

序

赵慧卿同志的博士论文就要正式出版了。作为她的博士生导师，我很高兴将她的这部著作推荐给广大的读者。

众所周知，全球气候变暖是人类社会面临的重大问题，减少碳排放已成为国际社会的广泛共识。然而，由于各国存在切实利益冲突，对于"谁来减，减多少"等问题存在严重分歧，全球性减排协议始终难以达成。而症结在于，贸易隐含的碳排放到底是生产者的责任还是消费者的责任，其减排责任应如何在国家间分摊，目前国际社会远未达成一致。与国家间减排责任分摊类似，一国内部各地区之间同样存在碳减排责任分摊问题。

改革开放以来，中国经济经历了持续高速增长，取得了举世瞩目的成就。但长期以来，粗放型增长方式对我国的环境造成了巨大压力。出于承担国际减排责任方面的考虑，同时也为了加快我国经济增长方式的转型，理顺经济增长与环境保护之间的关系，我国政府向国际社会郑重承诺，到 2020 年我国单位国内生产总值（GDP）的碳排放量在2005 年基础上降低 40%—45%。显然，要实现这一减排目标，需要各地区的积极参与和通力合作。但我国幅员辽阔，各地区经济发展水平和产业结构差异悬殊，减排能力和减排潜力参差不齐。加之随着改革深化，各地区经济开放度明显提高，区际贸易日益频繁，如何在各省区间合理分摊减排责任，变得尤其困难。为此，党的十八大报告提出，在设计地区减排责任时，应"坚持共同但有区别的责任原则、公平原则、各自能力原则"。这一制度设计无疑是合理的，但如何制定可操作的实施方案仍面临诸多的难题。

赵慧卿同志的这部著作认为，在确定区际贸易隐含碳排放的归属、制定减排责任分摊方案时，既要保障欠发达地区的发展权，又要充分调动发达地区的减排积极性。换言之，遵循"共同环境责任原则"，达成一个使各地区积极参与的减排协议，是解决这一迫切难题的必由之路。为此，作者通过计算并比较各省区碳排放总量、碳排放强度及贸易隐含碳排放，剖析了碳排放的关键影响因素与作用机制，构造了一个基于"共同环境责任原则"的省际减排责任分摊方案；然后通过政策模拟，进一步讨论了该减排方案对各省未来发展的影响，力图为促进我国经济发展模式转型、合理分摊地区减排责任和兼顾区域经济协调发展提供一个周全可行的方案。

该项研究的创新性工作，主要体现在以下几方面：（1）作者充分论证了"共同环境责任原则"的合理性，并兼顾公平原则与能力原则，设计了一个较为合理的碳减排责任分摊模型。（2）为使该模型建立在可靠的经验数据基础之上，作者利用 2002 年和 2007 年我国各省区间的投入产出表，从省区层面测度了区际贸易隐含的碳排放及其转移矩阵，进而推算出各年份各省区消费引起的碳排放。这一工作较好解决了既有研究对地区间碳排放转移束手无策的难题，为该领域研究提供了重要数据基础。（3）作者采用 LMDI 分解方法，同时从地区和行业两个视角对我国碳排放的影响因素进行了分析。在分析中，作者充分挖掘和利用了各类统计资料，并通过扩充能源品种、增加影响变量、扩展考察时期，使其研究结论既具有坚实的数据支撑，又更加全面深入。

需要指出的是，该项研究的多项阶段性成果已在核心期刊或重要的学术会议上发表或宣读，受到同行的广泛关注，反映出作者就我国省区间碳减排责任分摊问题所做的有益探索，已产生良好的社会反响。但鉴于该主题的复杂性，该项研究仍不能说是尽善尽美的。希望作者能以本书的出版为新起点，继续深化对该问题的研究；同时也希望本书的出版，能激发更多有识之士关心和关注碳减排责任的分摊和碳减排责任的落实！

周国富

2015 年 5 月于天津财经大学

目　录

第1章

导　论

1.1　选题背景及意义

1.1.1　选题背景

　　当前，全球气候变暖及其影响已引起世界各国的普遍关注。面对这一严峻挑战，减少碳排放[①]成为国际社会的广泛共识。然而，由于各国存在切实利益冲突，对于"谁来减，减多少"等问题存在严重分歧。其结果是，全球性减排协议始终无法达成。一方面，发展中国家呼吁发达国家要正视历史事实，为其工业化过程中累积的巨量碳排放负责。另一方面，发达国家则强调以当前碳排量为依据，要求发展中国家承担更多减排责任。2005 年生效的《京都

---

　　① 严格地讲，是指减少（以二氧化碳为主的）温室气体排放。本研究集中考察二氧化碳排放，且为方便起见，不同章节中交替使用"碳排放"与"CO_2排放"表示相同含义。

议定书》[1]，要求发达国家在第一承诺期内（2008—2012 年）温室气体排放量比 1990 年平均减少 5.2%。但事实上，多数发达国家未完成既定减排目标。目前，越来越多的发达国家选择抛弃《京都议定书》，并要求中国等发展中国家承担硬性减排义务[2]。

在这种背景下，如何构建"后京都时代"的国际气候变化政策框架，已引起有关国际组织的高度关注。然而，随着经济全球化不断加快，国际分工日益细化，国际贸易快速增长，国际社会对贸易隐含碳排放的减排责任归属问题始终未达成一致意见。因为按照"污染避难假说"，在各国减排政策和实施力度差异明显的情况下，减排压力较大的发达国家其政策措施更为严格，而发展中国家为吸引外资可能竞相放松排放管制。在此背景下，不少发达经济体纷纷将高碳排放产业转移到劳动力成本和环保标准较低的发展中国家，一方面减少了其国内碳排放，同时还利用国际贸易廉价获取各类高碳排放产品，即导致发达国家向发展中国家的"碳泄漏"问题。更严重地是，发展中国家由于生产技术水平低下，生产同样产品所排放的 CO_2 往往比发达国家高得多。故在发达国家通过产业转移和国际贸易减少自身碳排放的同时，"碳泄漏"问题将最终导致全球温室气体排放的增加和总体减排目标的失败。在这种新形势下，如何合理确定贸易隐含碳排放的减排责任，变得尤为迫切。如果单纯强调生产者责任，将加重处于弱势的发展中

---

① 《京都议定书》（Kyoto Protocol）全称《联合国气候变化框架公约的京都议定书》，是《联合国气候变化框架公约》（United Nations Framework Convention on Climate Change，UNFCCC）的补充条款。该议定书于 1997 年 12 月，在日本京都由联合国气候变化框架公约参加国三次会议制定。其目标是"将大气中的温室气体含量稳定在一个适当的水平，进而防止剧烈的气候改变对人类造成伤害"。在 1998 年 3 月 16 日至 1999 年 3 月 15 日开放签字期间，共有 84 国签署。条约于 2005 年 2 月 16 日开始强制生效。截至 2009 年 2 月，共有 183 个国家（超过全球碳排放量的 61%）通过该条约。

② 美国人口仅占全球的 3%—4%，而二氧化碳排放量却占全球的 25%以上，是全球温室气体累计排放量最大的国家。美国曾于 1998 年签署《京都议定书》，但 2001 年 3 月，布什政府以"减少温室气体排放将会影响美国经济发展"和"发展中国家也应该承担减排和限排温室气体的义务"为借口，宣布拒绝批准《京都议定书》。2011 年 12 月，加拿大也宣布退出《京都议定书》，成为继美国之后第二个签署后又退出的国家。在第二承诺期谈判过程中，日本、澳大利亚及一些欧洲国家也表现出明显的后退倾向。

国家的负担；而如果单纯强调消费者责任，则难以调动生产者节能减排的积极性，二者均不利于全球减排目标的实现。在这种背景下，"共同但有区别的责任原则"①正在获得更多的支持。但这一原则如何落实，特别是如何量化，将碳减排责任明确分摊到不同的国家，仍有很多问题没有解决。

改革开放以来，我国主动承接国际产业链转移，深入参与国际分工与贸易，无疑为中国经济发展提供了重要推动，使之迅速成为世界工厂。然而，这一过程中我国也遭受了严重的"碳泄漏"问题。所以，在参与国际减排责任分摊谈判时，我们一方面应强调我国出口贸易对缓解其他国家碳排放压力的贡献，另一方面则应对我国应分摊的减排责任大小做到"心中有数"，而不能简单地、无原则地根据自身能力大小承担太多的减排责任。

上面是关于国际减排责任分摊存在的分歧，实际上，在一国内部各地区之间同样存在减排责任分摊的问题。比如我国，幅员辽阔，各地区经济发展水平和产业结构差异很大，导致全国总体碳减排目标的实施充满复杂性和不确定性。改革开放以来，各地区经济开放度明显提高，省际贸易往来日益频繁，贸易伴生的大量碳排放转移尤其使省际责任分摊成为一个必须面对的课题。到目前为止，我国政府已先后制定了三个全国性节能减排目标，并对各地区的目标做出了相应规定，但节能减排工作仍存在责任落实不到位、推进难度大、激励约束机制不健全、基础工作薄弱、监管力度不够等一系列问题，严重影响了我国节能减排总体目标的实现。如何确立各省区的碳减排责任、制定公平有效的减排责任分摊方案，既使欠发达省区的经济发展权不受压制，又能充分调动发达地区的减排积极性，达成一个能使各地区积极参与的减排协议，是摆在我国中央政府和高层决策者面前的重大课题。

为合理确定各省区碳减排责任，首先必须对省际碳排放转移进行准确测算，然后还要在各省区间合理分摊碳减排责任。本研究拟重点开展此项工作，并结合各省区经济发展实际情况，对如何基于"共同

---

① 最早在《京都议定书》（1997）中提出。

但有区别的责任"原则在各地区间分摊减排责任构建一个可操作的量化模型，力图为决策机构提供有益的决策依据。

1.1.2 选题意义

环境问题是一个重大的全球性问题。鉴于其具有很强的外部性，如果缺乏有效的国际合作机制，任何国家都难以独善其身。在此意义上，环境作为一种全球性超级公共产品，其分摊并无国界①。然而，环境治理需要大量的资金、技术与人力投入，如何进行成本分摊，则有明确的国界。因此，对于环境这种公共产品的使用，过度利用（滥用、乃至破坏性利用）司空见惯；而对于环境保护这种公共产品的提供，"搭便车"和供给不足则非常严重。为此，联合国等众多国际组织都致力于推动环境保护领域的国际合作。要实现在全球意义上有效率且公平的合作机制，必须进行有效的机制设计，各国之间的碳减排责任分摊机制成为其核心问题。在国际上，该领域已吸引大量学者参与研究，成为一个重要的理论问题。

相比之下，一国内部各地区之间的碳减排责任分摊，目前关注的学者并不多，但实际上，该问题也有其独特的研究价值。因为其既有与各国之间碳减排责任分摊类似的共性问题，如环境问题的外部性以及公共产品供给与使用过程中的过度利用和投入不足难题，又有鲜明特性，表现在：（1）有利的方面是，一国内部各省区之间具有更紧密的联系，其在共同的中央政府及法律制度约束之下，具有更强的利益交互，因而合作的潜在收益更大，易于建立更有力的合作监督机制；（2）不利的方面是，较之于各国之间，一国内部各地区之间的碳排放转移和碳泄漏问题更为隐蔽、不易测度②，因此更难处理。因此，如

---

① 特定情况下，存在仅仅影响本国或周边国家的环境灾难，如森林大火导致的空气污染。但国际上高度关注的温室气体排放问题，无论其排放源来自何处，对世界各国均有重要影响。

② 各国之间的碳排放转移和碳泄漏问题，可以借助海关提供的详细国际贸易数据进行测度。但与国际贸易数据相比，国内贸易数据往往严重不足，导致国内碳排放转移和碳泄漏问题测度困难重重。对我国而言，该问题尤其严重。

何有效反映一国内部地区间碳排放转移，进而设计出有效的补偿与激励兼顾的合作机制，使其满足动态一致性和内在一致性，是一个极具理论意义且充满挑战性的研究课题。

当前，我国急需由以牺牲资源、环境为代价的粗放型增长模式，转向"资源节约、环境友好"的可持续发展模式。提高资源利用效率、减少碳排放，是实现这一发展模式转型的必然要求。而全国层面节能减排目标的实现，离不开各地区的积极参与和有效合作。但这一问题与产业结构升级及其国内转移、区域经济发展与区际协调、贸易模式转型与升级等问题交织并存，成为摆在我国政府面前的重大问题。

本研究拟在消化、整合现有研究成果的基础上，重点开展如下两方面工作：（1）基于省区间投入产出表数据，揭示地区碳排放转移方向与强度，在"共同环境责任"原则下设计省际碳减排责任分摊机制，以贯彻十八大报告倡导的"共同但有区别的责任原则、公平原则、各自能力原则"；（2）对各地区碳排放总量与强度差异及影响因素进行分析，设计地区碳减排责任分摊模型，给出 2020 年全国减排目标的省区分摊方案，并讨论其对各省区经济社会发展的影响。显然，其对我国实现发展模式转变和区域经济协调发展，具有明显的现实意义与政策价值。

1.2　文献综述

基于本研究的需要，本节对该领域已有文献的综述，主要从两方面展开：一是国内外关于碳排放一般问题的研究，二是国内外关于碳减排责任分摊的相关研究。

1.2.1　碳排放一般问题研究

已有文献的研究集中在碳排放与经济增长关系、碳排放影响因素、贸易隐含碳排放测算及碳排放权交易等方面。

1. 碳排放与经济增长关系研究

环境库兹涅茨曲线（Environmental Kuznets Curve, EKC）广泛用于环境污染与经济增长关系研究中，其也是分析碳排放与经济增长关系的常用方法。Grossman & Krueger（1991）在研究北美自由贸易协定的环境影响时首先提出该方法，其发现环境质量随经济增长呈先恶化后改善的趋势。这种倒 U 型关系意味着：经济发展初级阶段，可以（而且通常是）牺牲环境加快经济发展；当经济发展到一定阶段后，环境状况就会自然得到好转，或者才有能力进行改善。EKC 假说实质刻画了发达国家经历的"先污染再治理"的发展路径（贺红兵，2012）。

在对环境库兹涅茨曲线的实证研究中，国外文献常选用二氧化碳排放量作为环境的代理指标，但检验结果有明显分歧。Holtz-Eakin（1995）、Panayotou et al（1999）、Galeotti & Lanza（1999）的结果，明确支持人均二氧化碳排放与人均收入呈倒 U 型关系；但针对由升转降的拐点认识不一，Galeotti & Lanza（1999）的结果仅为 13260 美元，Holtz-Eakin（1995）的结果则高达 35428—80000 美元。然而，也有一些研究对倒 U 型曲线给出否定证据：Martin（2008）发现人均碳排放随人均收入持续增加，不存在拐点；Moomaw & Unruh（1997）、Friedl & Getzner（2003）等发现人均二氧化碳排放与人均收入呈 N 型关系，倒 U 型关系可能只是一个阶段性表现，由于拐点不止一个，人均二氧化碳排放量的下降趋势难以得到保证。此外，还有研究认为二氧化碳排放与人均国内生产总值（GDP）不相关（如 Lantz & Feng, 2006）。

相比之下，我国对碳排放与经济增长关系的研究起步较晚。究其原因，主要是我国碳排放的官方统计数据存在较严重的缺失。近年来，随着能源与环境问题日益严重，国内此类研究逐渐高涨，但结论不一。一些研究支持倒 U 型曲线假说，但对其政策含义有不同认识。林伯强等（2009）发现我国二氧化碳排放符合环境库兹涅茨倒 U 型曲线假说，其计算的理论拐点（人均收入是 37170 元）将在 2020 年左右达到；但其预测显示，倒 U 型曲线由升转降的拐点到 2040 年还未出现。同样接受环境库兹涅茨曲线的蔡昉等（2008）指出，如果被动等待库兹涅茨拐点的到来，将无法应对日益增加的环境压力。另一些研究则明确反对环境库兹涅茨倒 U 型假说。基于人均二氧化碳与人均国内生产总值（GDP）状态空间模型，陆虹（2000）发现我国并不存在环境库兹涅茨曲线。贺红兵等（2012）使用我国 1978—2010 年数据，发现碳排放和人均国内生产总值（GDP）之间为同向变动关系，其认为 EKC 假说即使成立，当前收入水平距离其拐点还很远。

可见，国内学者关于碳排放与经济增长关系的研究大多仅限于简单地检验二氧化碳排放与人均收入之间是否存在环境库兹涅茨曲线所揭示的倒 U 型关系，未考虑其他经济因素与碳排放之间的相互影响。有鉴于此，周国富、李时兴（2012）从偏好与技术的角度出发，通过构造包含污染消减技术和一般技术进步的静态模型，探讨了各类环境库兹涅茨曲线的形成条件，并应用变系数状态空间模型进行了实证检验。结果表明，收入—污染路径的曲线形态取决于偏好的选择和污染函数的特征；我国 EKC 的拟合路径呈现多种形态，但其实际形状有着一定的规律；环境投资决定 EKC 的形状特征；技术进步是 EKC 出现拐点的的必要条件[①]。该书的研究视角及其所得结论，无疑具有重要的理论价值和政策含义。

2. 碳排放影响因素研究

除经济增长因素外，碳排放还受诸多因素影响与制约。近年来，已有众多学者针对碳排放影响因素，从不同角度展开研究。这类文献通常利用各种分解技术，把碳排放总量（或强度）拆分成多种效应；或者结合回归分析方法确定各类主要影响因素。目前，碳排放影响因素研究中，主要有投入产出结构分解法和指数分解方法。

投入产出结构分解法以消耗系数矩阵为基础，利用投入产出技术从碳排放变动中分解产业间的结构效应。该方法可以基于细分行业数据，揭示国民经济各部门之间复杂的完全联系，具有明显的优势。但由于我国编制的投入产出表以 5 年为周期，故此类数据无法用于连续性分析，只能用于较粗略的时期比较。例如，Zhang（2010）考察碳

---

① 周国富，李时兴：《偏好、技术与环境质量——环境库兹涅茨曲线的形成机制与实证检验》，载《南方经济》2012 年第 6 期。

排放变化时，把碳排放分解为四类因素，即国内生产总值（GDP）贡献、经济结构、分配结构、碳排系数变化；张友国（2010）基于投入产出表对中国二氧化碳排放进行结构分解，发现能源强度是其主要影响因素。

相比而言，在利用时间序列数据进行连续性研究时，指数分解法更具优势。指数分解法最先基于拉氏指数和帕氏指数，20世纪七八十年代在国外广泛应用。鉴于拉氏指数和帕氏指数公式存在无法分解净尽的理论缺陷，此后的研究者对其进行了一系列改进。一方面，Yoichi Kaya（1989）提出 Kaya 恒等式，揭示了二氧化碳排放与经济、政策、人口之间的联系，为该领域研究的开展奠定了重要理论基础。另一方面，Boyd（1987）提出算术平均 Divisia 指数分解法，Liu et al（1992）提出了适应性加权 Divisia 指数分解法，Ang et al（1997,2001）和 Choi et al（2003）进一步提出修正的分别基于乘法和加法的对数均值 Divisia 指数分解法（LMDI）。LMDI 方法具有良好的理论性质和极强的可操作性，在能源和环境领域得到广泛应用。例如，Govinda et al（2009）采用 LMDI 方法对 1980—2005 年拉丁美洲与加勒比海地区 20 个国家交通部门的碳排放强度数据进行因素分解，发现经济增长、碳排放系数、能源强度是影响碳排放强度的主要因素。

近期国内碳排放问题研究中，LMDI 指数分解法日益受到重视。但由于不同研究者使用的行业及能源种类不同、能源数据来源不一、涉及的影响因素多样，所得结论不尽一致。基于 LMDI 指数分解法，陈诗一（2011）分解我国 1981-2008 年工业碳排放强度，发现我国工业碳排放强度的首要决定因素能源强度；此外，工业结构与能源结构调整也有重要影响。王锋等（2010）对我国 1995—2007 年二氧化碳排放的影响因素进行分解，通过考察 6 个产业和 8 种能源，发现人均国内生产总值（GDP）是首要驱动因素。宋德勇等（2009）分别从 3 种一次能源和 6 个部门两个层次，对我国碳排放影响因素进行分解，发现经济增长方式差异是碳排放波动及迅速增加的主要动因。

除投入产出结构分解法和指数分解方法外，还有一些研究运用其他方法。渠慎宁等（2010）利用 STIRPAT 模型对中国碳排放峰值进行预测研究，认为技术对峰值的影响尤为重要。基于协整技术和马尔可夫链模型，王锋等（2011）对我国 2011—2020 年碳排强度进行预测，并在多种情景下就能源结构优化对降低碳排强度的影响进行估计。刘小敏等（2011）运用能源 SAM 表和 CGE 模型分析产业结构和能源强度对碳排放强度的贡献。孙秀梅（2011）利用 SPSS 软件对山东人均国内生产总值（GDP）、能源强度、碳排强度、第三产业发展和碳排放量之间的关系进行回归分析，以寻找人均国内生产总值（GDP）、能源强度等因素对碳排放的影响。

3. 贸易隐含碳排放测算

关于贸易隐含碳排放的研究，最早起源于人们对产品生产中所直接和间接消耗的某种资源量的研究。"embodied（隐含）"一词的引入最早可以追溯到 20 世纪 70 年代，"embodied"后面可以引入各种资源，如水、劳动力等。据此进一步引出了隐含能源、隐含碳排放、隐含污染等概念。

随着全球化的加速发展，国际分工日益精细，国际贸易飞速增长。由于各国资源禀赋、产业结构、能源利用效率以及贸易结构等方面的差异，国际贸易中存在巨大的隐含碳排放。某种程度上，隐含碳排放直接影响世界碳减排责任分摊，攸关各国减排政策制定，因此该问题受到国内外学者的高度关注。学术界已经对环境与贸易的关系建立起一些理论的分析框架，比如，H—O 理论模型（包含环境要素）、一般均衡理论框架（基于南北自由贸易）、"环境三效应"理论框架等。不过，目前对贸易与环境相互作用分析所依据的理论框架相对简单，结论也不够清晰（陈红蕾，2010）。

与理论研究相比，对贸易隐含碳排放测算的实证研究较多。常用测算方法主要有两种：过程分析法和投入产出法。所谓过程分析法，就是使用实测法、物料平衡法、生命周期方法等来计算产品或服务生产过程中直接或间接排放的二氧化碳。该方法首先要确立产品的整个生命周期的流程图，然后界定其碳排放的相应边界，随后通过搜集该种产品在生命周期中投入的所有物质或活动来测算碳排放。此方面研究如 Gallego et al（2005）、李丁等（2009）、刘强等（2008）等。过程

9

分析法虽计算精确，但需要搜集的数据量巨大，在数据不完备时，不具有可行性。鉴于过程分析法有上述缺陷，多数研究采用投入产出分析法测算贸易隐含碳排放。20世纪30年代，著名经济学家 Leontief 最早提出了这种分析方法，该方法对于产品和服务中隐含碳排放的计算与分析是一种有效的分析工具。根据所用的数据类型，可分为单区域和多区域投入产出模型两种。

单区域投入产出模型，是基于单个区域的投入产出表来分析此区域产品的隐含碳排放，在测算进口品的隐含二氧化碳时，假定其生产地的技术水平与本国完全相同。尽管单区域投入产出方法的简化性假定受到诸多批评，但当无法获得其他国家的投入产出数据时，仍然有大量的实证研究运用该方法分析国际贸易中的隐含 CO_2。国外学者在此方面的研究如：Lenzen（1998）对澳大利亚最终消费中的一次能源和温室气体排放进行分析，并考虑了国际贸易等因素；Schaeffer et al（1996）使用单区域投入产出模型测算了1972—1992年巴西进出口贸易中的隐含碳排放，认为发达国家通过国际贸易，将二氧化碳排放转移到发展中国家；Mukhopadhyay（2004）使用印度投入产出表，计算了其 SO_2、CO_2、NO_x 的贸易污染指数，认为印度不是污染避难所，同时指出一个国家污染产业的发展与贸易自由化没有必然联系。国内此方面的文献有：刘红光等（2011）研究了我国贸易产生的碳排放地区转移问题，发现我国出口加工导向型的经济结构和基础原材料工业比例偏高的产业结构特点，是我国碳排放迅速增加的主要因素；何琼（2010）对我国2007年各部门最终产品消费及其出口贸易的隐含碳进行测算，发现金属冶炼及压延加工部门出口的能源消费隐含的碳排放量最多。

由于国家间的生产技术水平有较大差距，并且这种差距在发达国家与欠发达国家表现尤为突出，单区域投入产出模型的效果受到极大限制。为此，研究者进一步提出多区域或双区域间投入产出分析方法。这种方法能够较好地反映不同国家或地区的生产技术水平的差异，与单区域技术同质性假设相比，能够大大提高结果的准确程度，更加适合刻画贸易对多个地区碳排放的影响。同时该方法能准确地考察碳排放的地区转移特征，因此在贸易隐含碳排放领域得到越来越广泛的应用。代表性研究如 Shui & Harriss（2006）、Peters & Hertwich（2008）、Christopher & Weber（2008）、闫云凤等（2009）、余慧超等（2009）、周新（2010）、Liu et al（2010）、姚亮等（2010）、石敏俊等（2012）。不过，使用多区域投入产出模型计算贸易隐含碳排放量时，需要搜集不同国家或地区的投入产出表和能源等方面的数据。受投入产出及能源数据可得性的影响，其具体测算时困难很大。

可见，现有研究已在若干方面取得了一定进展，但仍有一些不足之处：（1）既有研究虽然注意到国际贸易隐含碳排放问题，但对于一国内部各省区间碳排放转移的综合考察，尤其是定量测度相对较少。（2）一些研究在计算碳排放时使用终端能耗，未考虑加工转换的能源投入量所产生的碳排放，从而低估了碳排放总量；如石敏俊等（2012）未使用各省实际分行业能源数据计算碳排放，最终导致省区间贸易隐含碳排放转移比例结果不合理，低估了沿海省份的经济开放度。（3）多数研究采用的投入产出表为竞争型投入产出表，对贸易隐含碳排放的计算有一定高估。无疑，此方面的研究仍有待深化。

4．碳排放权交易研究

碳排放权交易理论是环境经济学中一个重要的基本理论，其于1968 年最早由约翰·戴尔斯在《污染、财富与价格》一书中提出。该理论主要思想是确立合法的碳排放权（这种权利通常以排放许可证形式出现），并允许这种权利像商品一样买卖，以此在保护生产效率的前提下实现碳排放总量控制。经过美、英、德等国的长期实践，排放权交易制度已经成为各国普遍关注的环境经济政策选项之一。学术界已经涌现出一大批有关排放权交易的研究成果，其研究主题集中于排放权初始配额确定和碳排放权交易两方面。

初始排放权分配的公平性和有效性是碳排放交易制度顺利推行的基础。国外对于排放权分配方式的研究起步较早，最早提出的分配方式主要有按人口分配、按历史责任分配等单一原则。但在不同分配原则之下，各国所享有的碳排权利和减排责任差异很大。因此，围绕这些原则展开的激烈争论，集中凸显了发达国家与发展中国家就发展空间和经济利益的严重冲突。为兼顾各方利益关切，寻求可实施的折中与平衡，Grubb & Sebenius（1992）等一些学者提出结合多种单一原则的"混合"分配原则。国内在此方面的研究主要有：林巍等（1996）、汪俊启等（2000）倡导免费分配方法；徐自力（2003）、李寿德等（2002）探讨了初始排放权定价出售方法；肖江文等（2001）认为竞标拍卖方式是初始排放权的一种合理分配方式；鲁炜等（2003）则认为我国应选择免费分配与公开拍卖相结合的分配模式。鉴于我国排放权交易制度尚处于起步阶段，免费分配方式更为简便易行。

在明确初始排放权分配方法和原则后，排放权交易问题就进入视野。对碳排放权交易可做如下示例说明：各国政府根据其在《京都议定书》中的减排承诺，对本国企业实行二氧化碳排放额度控制的同时，允许企业间对碳排放额度的余缺进行交易；如果一个公司排放的二氧化碳低于分配额度，则其可以出售剩余额度，而排放量超出限额的公司，须向其他公司购买额度。碳排放权交易研究涉及交易成本、市场势力的影响、交易制度、外部监督等问题，代表性理论研究有 Hahn（1984）、Misiolek et al（1989）、Stacins（1995）等。国内关于碳排放权交易的研究，始于 20 世纪 90 年代。李寿德等（2007）对排放权交易机制中的企业策略做了专门研究，并给出企业最优决策模型。赵旭峰等（2008）则重点探讨排放权交易中的政府监管问题，建议设法引入地方政府代理人竞争，以化解地方政府双重代理人身份导致的监管失灵。

碳排放权交易研究虽然已取得一些成果，但在我国还属于一个新课题。在该领域，现实中存在很多重要问题有待解决。例如：排放权分配方式不公平，在实践中缺乏合理的分配理论指导；价格机制还未形成，市场力量较弱，人为干扰较多；治理成本高于实际交易价格等。显然，上述问题亟需大力推进与发展。

1.2.2　碳减排责任分摊研究

由于碳减排责任分摊关乎各国切身利益，其一直是国际气候谈判中的核心问题。各国不同的历史背景与发展现状、迥异的资源禀赋与发展模式，已使减排方案设计困难重重；而大范围的国际贸易及其伴生的碳转移与"碳泄漏"，则令碳排放测算及减排责任分摊问题变得更为复杂。对于"谁来减，减多少"等问题，世界各国始终存在严重分歧。

对此类问题的研究日益受到学术界关注，并积累起大量文献。以下从碳减排责任分摊原则、碳排放量分摊核算方法、产业部门减排责任分摊等三方面进行综述：

1．碳减排责任分摊原则研究

已有研究提出了种类繁多的碳减排责任分摊原则，以下几种备受关注：

（1）紧缩与趋同原则。首先确定全球未来的碳排放轨迹，然后让世界上的国家都参加进来，在确定总体碳减排目标的情况下，要去所有国家的人均碳排放量趋于一致，到限定时期最终相等（Meyer，2001）。

（2）两个趋同原则。该原则一方面要求到目标年份（如 2100 年）所有国家的人均碳排放量相等，另一方面，同时要求所有国家自 1990 年到目标年份的累计人均碳排放量也要相等（陈文颖，2005）。此原则既包含人均原则，又包含了历史（累积）原则。其对人均和累积排放较少的欠发达地区有利，而对发达地区不利。

（3）能力原则。《气候公约》和《京都议定书》中都把能力作为减排责任分摊的一项基本原则。《气候公约》中指出："承认气候变化的全球性，要求所有国家根据其共同但有区别的责任和各自的能力及其社会和经济条件，尽可能开展最广泛的合作，并参与有效和适当的国际应对行动。"徐祥民等（2012）认为，能者多劳是应对气候变化责任分担的首要原则。

（4）GDP 碳排放强度分配原则。该原则认为，一个国家的碳排放配额与其单位产出碳排放成反比。其强调效率，被普遍认为能够保证在既定的资源配置下使全球总产出达到最大。可是，由于发达国家技术水平相对较高，能源结构和产业结构比发展中国家更为合理，所以其碳排放强度相对较低；而发展中国家的情况与发达国家恰好相反，其碳排放强度相对较高。因此，根据该原则进行减排责任分摊必然导致发达国家将减排责任转嫁给发展中国家（陈文颖，1998）。

（5）共同但有区别的原则。早在1997年《京都议定书》就确认了共同但有区别的责任分摊原则，该原则要求所有国家都应该为全球环境的保护和改善负责，但由于历史责任、现实责任等原因，各国应分摊的减排责任又应该有所不同。当前，该原则已经被多数学者认为是国际环境法的基本原则。Hohne et al（2006）将该原则进行扩展：《京都议定书》附件Ⅰ国家的人均碳排放量是减少的，并且在一段期内趋于某一较低水平；而非附件Ⅰ国家在人均碳排放量高于全球平均水平一定比例后再采取减排行动，并在与附件Ⅰ国家相同的时期内趋于相同水平。

2. 碳排放量分摊核算方法研究

无论基于上述何种原则，减排责任分摊时，都应以各国或地区的碳排放量为基础。具体测算时，碳排放量可以选择总量、人均量、或者碳排放强度等不同代理指标。给定其他条件不变，一国或地区的碳排放量越大，其应该承担的减排责任也应相应提高。但由于各国间的贸易规模非常巨大，对其中隐含碳排放的责任归属问题争议很大。从国内外研究现状来看，碳排放核算主要包括生产者责任原则、消费者责任原则及生产者和消费者共同责任原则。

（1）生产者责任原则，也被称为领土原则。一直以来，国际社会在制定环境政策时都以其为基本依据。IPCC（Intergovernmental Panel on Climate Change，联合国政府间气候变化专门委员会）公布的国家碳排放数据，也依据该原则计算。该原则在学术研究中同样应用广泛：Chang & Lin（1998）遵照生产者责任原则，使用投入产出模型，按照生命周期中最终使用路径将碳排放分配到各个生产部门，计算了澳大利亚、英国、德国及台湾地区的碳排放；Lenzen（1998）和Kim（2002）在生产者责任原则的基础上，分别计算了澳大利亚和韩国的碳排放；基于该原则，何琼（2010）也对我国2007年各部门生产过程中的直接和间接碳排放进行测算。

在生产者责任原则下，一个国家或地区进口商品隐含的碳排放由其生产地"买单"，由此产生的"碳泄漏"和公平性问题已经受到越来越多学者的质疑。随着地区间贸易规模的不断扩大，就基于生产者责任原则的核算方法能否合理地界定减排责任，并推动减排措施的有效实施等问题上，学术界已出现较大争议。越来越多的研究开始转向基于消费者责任原则计算碳排放，并重新界定碳减排责任。

（2）消费者责任原则。基于这种原则计算的国家碳排放，等于该国领土内的碳排放加上进口隐含碳排放，再减去出口隐含碳排放。在这种方法下，发展中国家的碳减排责任有所减轻。由于其一定程度上考虑了发达国家向发展中国家"碳泄漏"的影响，因而相比生产者责任更为公平。该原则在学术研究中日益受到重视。Munksgaard et al（2001）以丹麦为例计算消费排放和生产排放的区别，发现国外需求引起丹麦国内 CO_2 排放增加，已经严重影响到了其碳排放目标的实现，认为应采用消费者责任原则核算一个国家的碳排放。Ferng（2003）指出，一些国家通过大量和奢侈的消费长期享受高标准的生活水平，给环境带来巨大压力；基于受益原则，碳排放责任应归于产生污染的驱动因素，而不是直接的污染生产者。Peters（2008）也持类似观点。

国内有关消费者责任的研究还处于起步阶段。周新（2010）采用多区域投入产出模型，对包括中国在内的十个国家和地区的贸易隐含碳排放进行核算，并采用消费者责任原则重新计算了这些国家和地区的碳排放总量。结果表明，美国为贸易隐含碳排放的最大净进口国，日本次之，中国为最大净出口国。樊纲等（2010）根据最终消费与碳减排责任的关系，计算发现中国超过 20%的国内实际排放是由他国消费所致，并从福利角度讨论了以消费排放作为公平分配指标的重要性。在考察我国各地区碳减排责任时，汪臻等（2012）运用多准则决策方法，建立了消费者责任视角下区域碳减排责任分摊模型。

（3）生产者和消费者共同责任原则。依据生产者和消费者共同责任原则对碳减排责任加以测算，能更全面准确地划定环境责任分摊。这种分摊原则可同时促使生产者和消费者改变其环境行为，是一种有效的激励机制，已被越来越多的学者证明是最优分配方案。国际上，基于共同责任原则探讨分配方案的文献有 Rodrigues et al（2006）、Lenzen（2007）等。

然而，目前基于共同责任原则的研究主要停留在理念层面，将该原则应用于实际定量研究较少，国内此方面的实证研究尤其缺乏。徐盈之等（2013）运用区域间投入产出模型，从生产者和消费者共同责任的角度定量测算了 1997 年和 2002 年我国八大区域的碳减排责任及分行业碳减排责任的区域差异，并将碳减排责任与碳减排效率结合起来研究各区域的碳减排潜力。汪臻等（2012）在共同环境责任原则下，探索性地构建了我国区域间碳减排责任分摊模型。该模型采用某区域人均累计综合碳排放量比重、人均国内生产总值（GDP）比重、碳排放强度比重 3 个指标加权平均作为该区域分摊到的减排比重，其同时考虑了人均原则、历史原则、能力原则及强度原则，具有一定的启发性。但该文仍存在一些不足之处：一是分摊模型所用指标构造不合理，且为某一特定年份的静态指标，不利于进行动态分析；二是在核算碳排放时，未考虑生活碳排放及进出口商品隐含碳排放；三是仅给出了理论模型与模拟测算，并未利用我国实际数据进行分析，有待进一步完善。

3. 产业部门减排责任分摊研究

近年来，国内还出现了一些关于产业部门碳减排责任的研究。如徐盈之等（2010）通过构建投入产出模型，从产业层面分析中国 27 个产业部门生产和消费过程产生的内涵碳排放间接效应及其部门转移机制，并从生产者和消费者两个角度对各产业碳减排责任进行实证分析。刘海啸等（2011）基于投入产出方法，首先确定各产业部门对碳排放的依赖度，再确定产业部门对整个经济的影响度，统筹两方面因素来确定各产业部门碳减排责任。姚云飞等（2012）从经济全局成本有效的角度，分析了一定减排约束下中国主要排放部门宜分担的减排责任及其减排行为，认为短期内不宜对各部门尤其是煤炭部门设置较高的减排目标。

综上可见，虽然国内外已积累起大量碳减排责任分摊的研究成果，但此方面的定量测度相对较少。已有定量研究主要针对国家间碳减排责任分摊，而对一国内部、尤其是我国各地区间的责任分摊研究很少。究其原因，数据约束构成最大制约。一方面，尽管学术界注意到贸易隐含碳排放对责任分摊的影响，但地区间贸易隐含碳排放测算并非易事，其严重依赖于地区间投入产出表。遗憾的是，目前我国尚未公布此类官方数据，有关分析往往基于学者推算的数据展开，使得实证分析受到很大限制。另一方面，由国家层面向地区层面细化时，地区数据，尤其是计算碳排放所需的地区分行业能源数据获取难度较大。现有研究中能源数据来源不一，结果存在较大差异，严重损害了其可比性。此外，"共同但有区别的责任"原则虽被普遍接受，但具体测算时应采取何指标体现地区间的"区别"，学术界仍无定论，指标选取方面还需要进一步论证与完善。

　　本研究试图借鉴现有研究中合理的分配原则与指标，对我国省区间碳减排责任分摊进行初步探索。当然，由于各地区经济发展水平不同、减排动机不同及受气候变化的影响程度不同，围绕碳减排责任分摊将存在一个长期的利益博弈。

1.3　研究思路与方法

1.3.1　研究思路

　　本研究旨在对我国省区间碳减排责任分摊及其影响进行研究，由理论分析与实证分析两方面构成。基本研究思路如图 1.1 所示。

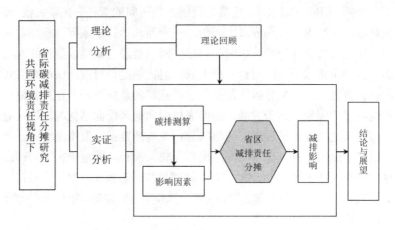

图 1.1　本研究的逻辑框架

　　理论分析部分，主要对碳减排责任分摊相关理论进行回顾，为实证分析提供必要的理论依据。实证研究部分作为全书主体，由逐层递进的四方面组成：

　　（1）利用省区间投入产出表数据推算贸易隐含碳排放，据此修正1985年以来我国各省区碳排放总量与强度测算结果。

　　（2）在上述测算结果基础上，分别对碳排放总量与碳排放强度各影响因素的作用机理进行分析，并基于 LMDI 方法从行业和地区两个层面对关键因素的影响进行分解；

　　（3）基于"共同环境责任原则"，并根据对主要影响因素的判断，构建省区间减排责任分摊模型，并结合我国2020年减排目标计算各省区分摊量；

　　（4）结合各区域发展特征，讨论本研究所确定的碳减排责任分摊方案对各省区未来经济发展的影响，以及为完成减排任务应采取的措施。

　　最后总结全文，给出主要结论，并对该领域未来发展方向予以展望。

1.3.2　研究方法

研究方法上，本研究坚持理论分析与经验分析并重、实证分析与规范分析相结合、历史数据分析与情景模拟和预测互为补充。

首先，以理论分析为基础，据此开展经验分析。通过对该领域已有理论研究的回顾与梳理，构建本研究的基本思路与研究路径，为省区碳排放影响因素、碳减排责任分摊方案等经验分析奠定理论分析框架。

其次，实证分析与规范分析紧密结合。实证分析回答"是什么"，其给出事实刻画；规范分析回答"应该如何"，其依赖价值判断。本研究在对各省区碳排放总量和强度测算、主要影响因素及其作用机制分解等方面，均属于客观的实证分析；而在碳减排责任分摊原则选择、分摊模型指标选择、减排方案政策含义等方面，则纳入明确的价值判断。

其三，在数据分析中，将历史数据分析与情景模拟及预测互为补充。例如，对各省区碳排放总量及强度的测算以及影响因素分析，均基于历史数据分析；在减排目标分解时，则基于对国内生产总值（GDP）增长速度、碳排放强度等指标的预测而实现；为揭示不同政策偏好对碳减排责任分摊比例的影响，则通过参数调整（如权数变化）进行政策模拟。

具体而言，本研究实证分析中综合运用多种统计学与计量经济学分析方法。如统计比较分析法、回归分析方法、投入产出分析技术、对数均值 Divisia 指数（LMDI）分解方法、统计预测技术，等等。

1.4 主要内容与创新

1.4.1 主要内容

本研究共分七章。各章主要内容如下：

第一章：导论。首先介绍研究的选题背景与意义；随后对该领域已有文献进行综述，进而明确本研究的研究思路与研究方法；最后，说明研究的基本结构、主要内容与创新工作。

第二章：碳减排责任分摊相关理论回顾。本章旨在建立省区减排责任分摊研究的基本理论分析框架。首先介绍碳排放难题的产生根源，包括外部性、不对称信息、产权界定不清。随后探讨碳排放难题的化解思路，一是基于税收和补偿为工具的庇古理论，二是基于产权界定的科斯定理。最后对两种解决思路的区别进行简要对比。

第三章：各省区碳排放总量与强度测算。首先，对各省区 1985 年以来的生产隐含碳排放总量及强度进行计算与比较。然后，采用 2002 年和 2007 年省区间投入产出模型计算各省区调入调出产品隐含碳排放，并对碳排放省际转移特征进行深入分析。随后，根据 2002 年和 2007 年省区间碳排放转出比例矩阵推算其余年份转出比例矩阵，从而得到其余年份省区间贸易隐含碳排放量，并据此计算得到各省区消费隐含碳排放量。最后对生产和消费隐含碳排放量的差异进行分析。

第四章：碳排放总量与强度影响因素分析。首先，分别对碳排放总量影响因素（经济增长、碳排放强度、资源禀赋、工业化等）和碳排放强度影响因素（产业结构、能源消费结构、能源强度、技术进步和环境政策等）的作用机理展开分析，目的在于找出导致我国地区间碳排放差异的根本原因。然后，通过对碳排放影响因素两种主要分解方法的对比，选择了更为合理的 LMDI 分解方法。随后，运用该方法对碳排放关键影响因素从行业和地区两个层面进行分解分析，旨在为下一章中减排责任分摊模型的指标选取提供依据和启示。

第五章：各省区碳减排责任分摊研究。首先，对各种碳减排责任分摊原则进行简要说明。然后，对生产者和消费者责任原则下我国各地区减排责任分摊结果的合理性进行简要评论，深入论证"共同环境责任原则"的优越性。随后，结合各地区具体情况，依据十八大报告提出的"共同但有区别的责任原则、公平原则和各自能力原则"，设计地区间碳减排责任分摊模型，并将我国 2020 年减排目标进行省区分摊，为今后国家分配各省区碳减排任务提供数据参考。

第六章：碳减排责任分摊对地区发展的影响研究。首先，借助计量经济模型估计各省区碳排放产出弹性系数，在此基础上，结合第五章分摊结果，模拟计算减排责任分摊所导致的地区经济增长速度的下降幅度，以此分析减排对地区经济增长的影响。然后，探讨减排责任分摊对地区税收收入的影响，并对其地区差异进行分析。最后，简要讨论减排责任分摊对地区产业结构、能源消费结构和对外贸易结构的影响。

第七章：结论与展望。对各章主要结论进行总结与提炼，明确其相应的政策空间，并对该领域未来发展方向进行展望。

1.4.2　创新工作

本研究在如下几方面，对该领域已有研究进行了改进：

（1）现有多数研究在计算地区碳排放量时，运用地区能源平衡表的终端能源数据，其对工业部门能源加工转换过程中产生的 CO_2 未予考虑，导致对工业部门 CO_2 排放量存在低估。本研究在计算各地区碳排放总量时，除终端能耗外，将能源加工转换过程中的投入量计入工业部门，更准确地核算了各地区碳排放总量。

（2）现有对贸易隐含碳排放的研究多数基于国家层面，国内省区间的定量测度极少。本研究利用我国 2002 年和 2007 年 30 省区间投入产出表，对省际贸易隐含碳排放绝对量进行了计算，并将两年计算结果进行比较，有效克服了现有研究只采用某一年的投入产出表进行计算而无法反映碳排放地区转移变化趋势的缺陷。同时，推算了省际间碳排放转出、转入比例矩阵，以深入考察碳排放地区转移分布特征与规律。

（3）根据 2002 年和 2007 年省际碳排放转出比例矩阵推算了其余年份转出比例矩阵，进而得到省区间调入调出碳排放绝对量矩阵，最终计算出 1997—2011 年的省区消费隐含碳排放数据。其中对缺失数据的估算，有效克服了省际减排责任分摊所遇到的数据困难，特别是省区间调入调出碳排放量的估算，为该领域研究提供了重要数据基础。

（4）采用 LMDI 分解方法，同时从地区和行业两个视角对我国碳排放影响因素进行分析，以获得更全面的认识。按行业分解时，根据其重要性和特殊性将工业单列，重点剖析了工业出口贸易依存度对碳排放的影响，以突出行业差异；同时，充分挖掘可得的统计资料，扩充了能源品种，增加了影响变量，扩展了考察时期，研究视角具有一定新意。

（5）充分论证了"共同环境责任原则"的合理性。在此原则下，结合公平原则和各自能力原则，设计了更为合理的减排责任分摊模型，以体现"共同但有区别的责任原则、公平原则和各自能力原则"。对不同权数结构下省际分摊比例差异的比较，可以很好地说明政策偏好对省区责任分摊的影响。

第2章
碳减排责任分摊相关理论回顾

　　有效解决碳排放总量控制和减排责任分摊问题，是协调经济发展与环境保护关系的重要内容，也是实现科学发展、和谐发展和可持续发展的必然要求。处理该问题，涉及短期利益与长期利益的权衡、局部利益与整体利益的权衡、不同经济主体之间的利益协调，具有极大的复杂性。本章对碳排放及减排责任分摊有关的经济理论进行回顾，为此后各章研究我国省区碳减排责任分摊提供思路。

2.1　碳排放难题产生根源

　　碳排放是人类经济活动的内在伴生物，是经济发展的必要代价。工业革命以来，伴随煤炭、石油、天然气等化石能源成为经济发展的主要动力，人类在持续享受经济发展和福利改进的同时，也面临着日益严峻的资源与环境压力。对于碳（温室气体）排放对地球生态环境损害的忧虑，促使人类开始反思既有发展模式，希望转向更为低碳环保的技术和生活方式，但这种转变极其困难。

　　所谓碳排放难题，主要体现为短期利益与长期利益之间的艰难抉择：现有技术条件下，经济发展离不开对能源资源的大量利用，碳排放无可避免、难以降低；持续大量累积的碳排放，对地球生态和人类生存带来极大威胁，严重损害长期发展潜力。对此难题，理性经济主体（国家、地区、企业、家庭、个人等）将权衡长期与短期利益，确定最优的碳排放数量及其演进路径。然而，碳排放导致的环境问题具有明显的外部性特征，个体理性决策往往违背集体理性，产生悲剧性结局。信息不完全和高昂的交易成本，导致单纯通过市场力量难以达到社会最优选择。在此背景下，产权界定和政策调控变得极其重要。

2.1.1 外部性

外部性（externality）是经济学中的重要概念，20 世纪初由剑桥大学的庇古（A. C. Pigou）教授提出。所谓外部性，是指当一个经济主体（消费者、企业、政府等）的某种活动或状态（生产、生活）直接受到其他经济主体的影响，却并未因此支付报酬或得到补偿时，即称存在外部性。

该定义中，有三点需要强调：一是经济主体间存在直接影响，而非由市场价格机制作为中介间接施加；二是外部性既可以出现在消费领域，也可以出现在生产领域，且外部性的施加者和承受者均可以是企业、消费者等多种经济主体；三是外部性根据其影响方向可分为正外部性和负外部性两类：正外部性是指经济主体的行为给其他主体带来额外收益，如某户对自家草坪花坛的修剪，由于对景色的改善给邻居带来收益；负外部性是指经济主体的行为给其他主体造成损失，如化工厂排污给附近居民的生产生活带来损害。

众所周知，外部性概念在资源环境领域中经常使用。环境长期以来一直被认为是一种"公共品"，为所有人同等使用。企业之所以愿意采用高消耗、高排放的生产方式，是因为其一方面可以获得生产的全部收益，但对生产过程造成的环境损害无需付费或仅支付极少成本。简言之，生产收益企业独享，而环境污染则转嫁给全社会承担。由于污染及碳排放具有明显的负外部性，导致企业的收益与成本有不对称性，企业最优产量（及碳排放）决策背离社会的最优产量，增大资源环境压力，并造成社会总福利损失，如图 2.1 所示。

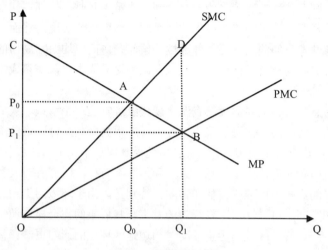

图 2.1　环境的外部性

图 2.1 中，纵轴表示价格，横轴表示产量。企业生产造成对环境的损害，其外部效应产生的成本由全社会承担，因此出现社会边际成本（SMC，包含环境成本）与私人边际成本（PMC，不包含环境成本），且 SMC 高于 PMC。两条边际成本分别与边际收益（MP）交于 A、B 两点。在考虑社会环境成本时，A 点为均衡点，价格与产量分别为 P_0 和 Q_0。此时生产者剩余为 $\triangle P_0OA$，消费者剩余为 $\triangle P_0AC$，社会总福利为 $\triangle OAC$。在不考虑环境成本时，B 点为均衡点，价格与产量分别为 P_1 和 Q_1，厂商达到最优产量，高于社会最优产量。此时生产者剩余为 $\triangle P_1OB$，消费者剩余为 $\triangle P_1BC$，社会总福利为 $\triangle OBC$ 减去 $\triangle OBD$（社会环境成本）。与 A 点相比，社会总福利损失 $\triangle ABD$，没有实现资源的有效配置。

2.1.2　不完全信息

存在外部性的条件下，如果有关各方对外部性的方向与规模有准确测度，并且可以无成本或廉价地协商对外部性的损益双方进行利益补偿，则个体理性决策将趋于社会理性决策。此时，外部性问题实质上无关紧要，满足帕累托最优的资源配置结果仍能实现。然而，无论对外部性本身的测度，还是外部性补偿问题协商，均面临高昂的交易成本，其阻碍社会最优结果出现。在此类交易成本中，信息成本最为重要。

信息是一种重要的稀缺资源。现代经济管理理论承认，人们获取信息的能力有限，信息的采集、分析及应用会受到各种因素的限制。因此，在进行各类决策时，决策者总是受到信息不完全的约束与制约。就环境问题而言，由于信息不完全和信息不对称，研究者对人类活动对环境的影响难以准确评估和预测。特别是，由于环境污染的时间连续性和空间不可分性，污染行为的发生与其后果的完全显现通常存在一定时滞，特定区域的污染活动对周边地区环境的影响更难评估。另一方面，在信息不对称情形下，监管部门与污染企业掌握的信息存在很大差距。排污企业对自身污染信息的了解，远比监管部门真实、全面，其可以通过隐瞒或提供虚假信息而逃避自身的环境责任。监管部门要获取有关信息，面临极其高昂的信息成本，有效监管难以实现。

现代信息经济学通常将不对称信息条件下的问题概括为两种类型：当一方无法确定另一方的特征时，容易出现"逆向选择"问题；而当一方的行为对于另一方而言不可观察时，则容易产生"道德风险"。

对清洁环保的"低碳"产品而言，逆向选择是一个严重问题。由于生产技术和原材料等原因，"低碳"产品的成本和价格往往比一般产品高（例如，有机农产品比大量施加化肥农药的农产品更为健康环保，其成本和价格也更高）。对于大多数消费者而言，其可能很难区分一种产品究竟采用何种技术生产。因此，其可能没有足够动力支付更高价格购买清洁产品。导致清洁产品退出市场，而低质低价产品留在市场。随着人们环保意识增强，更多消费者愿意支付较高价格支持低碳产品。但由于信息不对称，高能耗产品可以通过伪装为低碳产品而获益，消费者购买对促进生产者改用低碳技术的激励不足，反而对高能耗企业的伪装行为提供了更大激励。当前，此类现象在我国非常突出。

在排污监管问题中，道德风险问题更加突出。从道义上讲，排污企业应对其污染负责，但其是否控制污染排放及控制力度很难衡量。相对于监管方（如环保部门）而言，作为代理人的排污企业可以隐藏自身排污行为（废气过滤设备闲置不用、暗沟排放污水等是国内污染企业惯用做法）而逃避责任。可见，在监管者与排污企业之间的第一层委托代理关系中，道德风险非常严重。为克服以上问题，监管方应该加强检查力度并提高惩罚标准。但问题是，在我国经济发展中，地方政府追求发展速度和财政收入的动机使其往往与排污企业站在一边，缺乏牺牲短期经济利益换取长期环境利益的动力。谁来监督环境监管者，是我国环境保护中至关重要的一环。这涉及第二层次的委托代理关系，人民群众作为委托人，对作为代理人的政府监管机构的信息严重缺乏，后者可凭借其信息优势而弱化对排污企业的监管职责（某些地区环保部门隐瞒环境污染真相、保护排污企业和自身私利的报道时有出现）。显然，由于相比作为委托人的力量分散的民众，作为代理人的政府监管机构掌控更多的权力与资源，该层面的道德风险问题更为严重。

2.1.3　产权界定

外部性的存在，是环境问题中市场失灵问题的重要诱因。在此背景下，碳减排等环境问题无法完全借助市场机制自动纠正，使政府监管成为重要的备选方案。但不完全信息的存在，却导致对环境污染评估和监管陷入困境，出现政策失灵[①]。市场失灵与政策失灵并存，使解决环境问题困难重重。

在此两难背景下，一些学者强调产权界定的重要作用。环境资源往往缺乏明确的产权，因此经常遭到滥用乃至盗用。现实中，法律通

[①] 政策失灵一方面表现为政府无效干预，即政府宏观调控的范围和力度不足或方式失当（比如，对生态环境保护不力，对基础设施、公共产品投资不足，政策工具选择不当），不能弥补和纠正市场失灵。另一方面表现为政府过度干预，即政府干预的范围和力度超出需要、干预方向和形式选择失当（比如，不合理的限制性规章过多，公共产品生产比重过大，过多地运用行政指令性手段干预市场），抑制市场机制的正常运作。由于上述政策失灵，政府政策的不当介入将会加重环境问题。

常赋予所有人使用环境资源的权力，因此其在法律意义和现实意义上均没有排他性。但同时环境资源具有稀缺性，其潜在使用者对其使用具有竞争性，某人的行为必然影响其他人使用该资源的数量和效果。就此问题，个体理性与集体理性存在明显冲突：与社会最优使用方案相比，每个人按照自身效用最大化确定其使用数量会导致的过度使用，并导致资源耗竭与环境恶化，如图 2.2 所示。

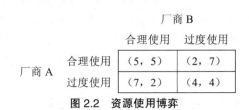

图 2.2　资源使用博弈

图 2.2 表明，如果厂商 A 和 B 都合理使用资源进行生产，双方获得的收益均为 5；如果厂商 A 合理使用而厂商 B 过度使用，则双方获得的收益分别为 2 和 7；如果厂商 A 过度使用而厂商 B 合理使用，则双方获得的收益分别为 7 和 2；如果厂商 A 和 B 均过度使用，则双方均获得 4 的收益。很明显，博弈的最终结果是厂商 A 和 B 均选择过度使用资源以进行生产，所有参与者陷入难以解脱的"囚徒困境"，这也正是哈丁所说的"公共地悲剧"。

"公共地悲剧"的出现，首先源于环境资源产权不明确，更重要的则是社会没有构建起保障此类资源有效利用的体制与规则。同样受困于产权不明确，个体保护环境的成本远高于其收益，而个体破坏环境的损害却往往为整个社会共同承担。所以有必要设计某种约束机制，以摆脱此类"囚徒困境"。而如何合理界定并明晰产权，则是其关键所在。

在环境资源没有明确界定产权时，除过度利用问题外，还会出现如下问题：其一，稀缺性资源的租金消散，成为社会净损失，没有任何主体有效获取这一收益；其二，机会主义倾向突出，"搭便车"现象普遍。由于碳排放等环境问题的时间连续性和空间不可分性，全球温室气体减排问题上必须建立公正有效的协调机制，否则各国都没有动力进行单独的减排行动。毋庸置疑，对温室气体减排的现有分摊机制不尽公正。后发的发展中国家，往往在全球碳减排责任博弈中处于劣势。碳排放权应如何界定，以合理确定历史责任和现实差异，不仅是实践中的迫切问题，也是亟待解决的理论难题。

2.2　碳排放难题化解思路

碳排放难题是上述资源环境问题中的一个典型事例。长期以来，对此类问题的研究吸引了大批学者的不懈努力。总体而言，其化解思路有二：一是基于税收和补偿为工具的庇古理论，二是基于强调产权界定重要作用的科斯定理（讨价还价协商机制）。

2.2.1　庇古解决方案

1. 庇古税理论思路

庇古税思路最初由经济学家庇古在其《福利经济学》一书中提出。作为解决环境问题的古典方式，庇古税实质上属于直接环境税。具体而言，庇古税是一种从量税，其根据污染物排放数量及其危害程度确定纳税数量。庇古税的税率确定，基于社会福利最大化原则确立，即污染排放的最优税率水平由其边际社会成本等于边际私人收益的均衡点决定。

根据该理论，外部性问题的存在，必然导致私人边际成本与社会边际成本不一致。私人最优选择与社会最优选择存在冲突，私人最优选择将社会福利损失和资源配置效率损失。政府作为社会整体利益的代言人，应该通过征税与补贴等手段改变私人边际成本，引导其转向社会资源配置的帕累托最优状态。

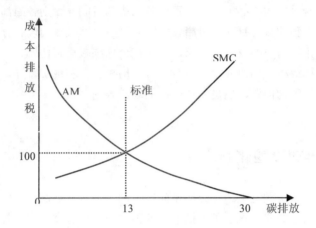

图 2.3　基于庇古税的碳排放治理

　　上述一般结论，自然也适用于资源环境领域。以碳排放企业决策为例，其必须权衡其边际产量的新增价值与该产量下需要支付的污染税，二者边际相等时即达到最优生产（及碳排放）水平，如图 2.3。横轴代表碳排放水平，SMC 曲线代表碳排放带来的边际社会成本，向右上方倾斜，表示碳排放的增加对社会环境的损害加剧。AMC 曲线代表减少碳排放的边际成本，向右下方倾斜，表示随着碳排放水平的降低，减少排放的成本越来越高。使厂商利润最大化的排放水平是 30 单位，考虑到外部性，最优的排放水平为 13 单位，此时碳排放的边际社会成本等于厂商减少碳排放的边际成本，增加或减少碳排放都会降低社会福利。

　　通过对单位碳排放征收 100 元的碳税，可以使碳排放达到最优排放水平。此制度实施以后，厂商将会把碳排放从 30 单位降到 13 单位，因为在所有高于 13 单位的碳排放水平，减排的边际成本低于收费标准，减排对厂商有利，他会选择降低碳排放。而在所有低于 13 单位的碳排放水平，减排的边际成本高于收费标准，厂商不会选择减排，而会选择继续扩大生产，增加碳排放。因此，只有 13 单位才是最大化厂商利润的碳排放水平。在这一点上，每一家厂商的减排边际成本均等于

100，整个行业的减排成本最低。

碳税对减少碳排放的积极作用体现在两方面：静态条件下，企业要为其排污行为交税，故其有动力在成本收益框架下控制产量以避免污染过快增长；动态条件下，企业有较强激励进行技术创新，通过降低污染排放强度来减少未来的长期税收支付。两方面效果叠加，有力促进了企业排污社会成本的内部化，并较好地控制了税收的扭曲效应。庇古税的政策价值主要体现在三方面：其一，通过对排污企业征税，使污染环境的社会成本转化为排污企业的内在税收成本，有助于减少污染；其二，庇古税会激励企业研发并采用更加清洁的技术，其技术创新效应对社会也极其重要；其三，庇古税所提供的税收收入，可专门用于发展环保事业，为改善环境提供具有正外部性的公共服务。

但在实际操作层面，庇古税征收标准的确定成为难题。合理的课税标准，要求税率等于排污的社会边际外部成本，但这以准确了解污染损失大小为前提。由前所述，不完全信息条件下，监管部门无法有效获得充分信息，无力保证帕累托最优状态实现。因此，利用庇古税克服外部性导致的市场失灵时，往往会陷入调节不足或调节过度的政策失灵。同时，庇古税的征收本身也存在成本，征管效率对该政策有效性具有重要影响。更严重的是，庇古税征收过程中还面临"寻租"问题以及政治博弈。对此缺陷自然不能视而不见，但也不应求全责备。在不完全信息条件下，虽然庇古税无法保证社会整体最优结果实现；但与无所作为相比，其往往能够带来明显的效果改进。

2. 庇古税应用概览

庇古理论的具体操作手段有两类：一是税费，二是补贴。二者在资源与环境问题中，均已有大量应用。

资源环境方面的税费种类很多，包括环境污染税费、生态补偿税费、资源使用税费、资源补偿税费、资源与生态消费税费等。20 世纪 70 年代以来，此类政策在发达国家获得广泛使用。其中，尤其以针对二氧化碳排放而征收的环境税——碳税（Carbon tax）最受瞩目。碳税的征收，可以发生在生产和使用的各个环节：既可以将生产企业或供应商作为征税对象，也可以向购买特定商品的消费者直接收取。不同国家采用的征收方式差别很大。在美国，唯一征收碳税的科罗拉多州的玻尔得市（Boulder），以所有消费者为征收对象。加拿大的魁北克省也对化石能源征税，但其直接纳税对象是石油公司等中间商。而在丹麦、芬兰、挪威和瑞典等北欧国家，碳税被广泛接受，但各国的具体政策不尽相同（许士春，2012）。

税费之外，减排补贴也可以用作污染控制的激励手段。单个企业从减排活动中获得的私人收益低于其社会收益，故其确定的最优减排投入必然低于社会最优水平，为引导其增加投入必须提供相应激励。通过减排补贴，增加了排污的机会成本，可以刺激企业改进技术、减少污染。减排补贴的具体形式一般包括拨款、贷款和税金减免。其资金来源，一般来自庇古税范畴的资源与环境税。例如，德国为采用污染控制措施的小企业提供资金支持；法国通过给工业提供贷款控制水污染；瑞典提供资金以减少农药使用对环境的危害；意大利对通过改进生产技术治理污染的企业优先支持，并对废品回收利用提供专项补贴；荷兰同样采用财政政策激励，促使企业在减少排污方面进行技术创新和设备升级。

2.2.2 科斯定理

1. 科斯定理理论内涵

科斯定理（Coase theorem）这一术语由诺贝尔经济学奖得主斯蒂格勒（George Stigler）在1966年首次给出，其来自对另一位诺贝尔经济学奖得主科斯（Ronald H. Coase）理论发现的总结。该定理的核心含义，由科斯在1960年《社会成本问题》一文中给出。现有研究者普遍认为，科斯定理并非一个，而是由密切联系的三组定理组成。

作为其逻辑起点，科斯第一定理指出：如果交易成本为零，无论初始产权如何界定，通过当事人之间的讨价还价，市场机制会自动达到帕累托最优的经济结果。表面上看，科斯第一定理建立在绝对虚构的世界中，其"交易成本"为零的假设在现实中绝不存在。然而，正如没有摩擦力条件下的牛顿第一运动定律一样，该定理具有极其重要的理论价值，其为认识现实世界问题提供了重要的理论参照标准。

科斯第二定理放松了第一定理的严苛假设：在交易成本大于零的世界里，不同的权利界定会导致资源配置效率差异。必然存在某些产权制度安排具有更低的交易成本，导致更优的资源配置效率。因此，产权制度界定问题至关重要。

基于另一视角，科斯第三定理说明产权制度的选择方法：如果各种产权制度下具有相同的交易成本，最优的产权制度选择取决于其成本高低比较；对某项合意的产权制度，如果存在不同的设计和实施方式，则应根据其成本大小进行选择；如果设计和实施某项制度的成本超过其潜在收益，则不应建立；即使现存制度不合理，但在缺乏净收益更大的替代性制度时，制度变革就无必要。

科斯定理表明，产权不明确导致资源配置的无效率和产生外部性，成为出现市场失灵的根源。对于外部性问题的解决，科斯定理的主要思路是通过明确产权来解决市场失灵。具体到环境污染问题，其解决办法是明晰环境与自然资源的产权。

2. 科斯定理实践应用

碳排放权交易制度，可视为科斯定理明确界定产权的重要应用。

美国经济学家戴尔斯于 1968 年最先提出了排放权交易理论。其运作方式为：在特定时期内，首先根据经济社会发展的需求与资源环境可容纳量①，确定污染排放物总量；然后给企业发放许可证，将这一总量分解为各企业的排放定额。企业可利用市场机制，对这种合法的排放权利进行买卖，以调节其排放定额的余缺。这一制度的实施，可在污染物排放总量控制前提下，激励企业自觉降低污染物排放强度。相比政府对企业的行政监管，这种企业间的市场交易可在很大程度上避免信息不对称条件下的道德风险及政策失灵。

---

① 排放权交易的前提条件是在环境容量下对排放总量控制。环境容量是指在人类生存和自然状态不受危害的前提下，某一环境所能容纳的某种污染物的最大负荷量。

在发达国家，此类政策实践已有多年积累。鉴于二氧化硫污染日益严重，美国联邦环保局（EPA）为解决经济发展与环境保护之间的两难困境，早在执行《清洁空气法》时就已提出排污权交易的构想。美国还在 1977 年引入"减排信用"概念，并陆续出台了一系列政策法规，允许企业之间对排污权进行转让和交换。在美国影响下，英国、德国、澳大利亚等国也纷纷效仿，较早在本国开展了排污权交易实践。此后，碳排放权交易逐渐由国内体制安排扩展到国际环境合作机制[①]，特别是在欧洲各国获得较好的实践。

2.3　简要总结

以上对碳排放难题产生根源以及化解思路的理论进行了回顾。分析表明，碳排放问题的产生，主要源于三方面：环境具有公共品性质，碳排放及其治理存在严重的外部性问题；信息不对称导致环境领域的"道德风险"和"逆向选择"；资源环境的产权不清导致对资源与环境的过度利用和破坏。

针对上述资源与环境问题，现有理论给出了两种不同的解决思路：庇古理论与科斯定理。二者所对应的方案存在重要区别。其一，庇古理论更加注重公平问题，污染制造者应该交税，污染受损者应获得赔偿；而科斯定理则更注重效率问题，其在追求社会利益最大化的过程中，允许在各种可行的制度安排之间自由选择。其二，庇古理论注重政府力量，主张政府代表社会公共利益进行政策干预；而科斯定理强调市场机制，其仅将政府的职责局限在帮助明晰界定产权，其余事情均由市场为主导。其三，庇古理论内含于古典经济学框架，主要基于

---

① 按照《京都议定书》规定，协议国家承诺在一定时期内实现一定的碳排放减排目标，各国再将自己的减排目标分配给国内企业。当某国不能按期实现减排目标时，可以从拥有超额配额的国家购买配额。在一国内部，不能按期实现减排目标的企业也可以从拥有超额配额的企业购买配额。排放权交易市场由此形成。

均衡分析方法；科斯定理则属于新制度经济学，强调交易成本和产权安排的重要性。我们认为，两种处理思路各有利弊，且在很大程度上有互补之处。在实际政策选择过程中，应该根据具体情况选择更易实现的调节方式。

第 3 章

各省区碳排放总量与强度测算

　　省区间碳减排责任分摊，需要依据各省区碳排放量而定。碳排放量越多，所分摊的责任也应越大。但在核算省区碳排放量时，由于存在省区间贸易，商品生产地和消费地相分离，导致贸易隐含碳排放的归属问题出现争议。目前，核算一国或地区碳排放量一般采用《联合国气候变化框架公约》提出的方法。这种方法实质是由生产视角进行核算，对一国或地区而言，其将出口和调出产品在生产过程中排放的二氧化碳包括在内，而对进口和调入产品蕴含的碳排放却不予计算。这样，造成了输入地享受产品，而碳排放责任却完全由生产地买单的不公平现象。

　　随着我国产品市场一体化的推进，省际贸易规模迅速扩大，其中隐含的碳排放量急剧增加，给产品生产地造成了巨大环境压力。于是，出现了"消费碳排放"的概念。为更好地确定各省区减排责任，本章将先按"生产"和"消费"两种原则分别核算各省区碳排放量，看看各省区的生产和消费隐含碳排放各自的变化趋势及二者之间的差异。具体地，首先对我国各省区 1985 年以来的生产隐含碳排放总量及强度进行历史回顾；然后采用 2002 年和 2007 年省区间投入产出模型计算各省区调入调出产品隐含碳排放，根据其调出比例推算其余年份调入调出产品隐含碳排放，进而得到各省区消费隐含碳排放总量，为后续章节的计算与分析打下数据基础。

3.1　各省区生产隐含碳排放总量与强度历史回顾

3.1.1　各省区生产隐含碳排放总量的计算与分析

1. 估算方法与数据

能源部门是温室气体排放中的最主要部门，其贡献一般占 CO_2 排放量的 90%以上和温室气体总排放量的 75%（IPCC，2006）。根据《中华人民共和国气候变化初始国家信息通报》中的数据，能源活动是中国最主要的 CO_2 排放源，1994 年中国能源活动的 CO_2 排放量在全国 CO_2 排放总量中占 90.95%。因此，本研究主要研究与能源活动有关的 CO_2 排放。

生产隐含碳排放量指生产地领土内产品生产过程中能源消费所排放的二氧化碳，其中不包括生活消费碳排放。由于目前我国尚未公布此碳排放数据，相关研究多数是采用一定方法进行估算，最主流的计算方法有一次能源消费法和终端能源消费法。一次能源消费法首先将各行业的一次能源（煤炭、石油、天然气）消费实物量折算成标准煤，然后再乘以一次能源的碳排放系数[①]，将其折算为碳排放量，其不包括二次能源消费产生的碳排放量；终端能源消费法是基于能源平衡表终端能源消费量来估算终端的碳排放量，计算时先将终端能源消费实物量折算成标准煤，然后再乘以碳排放系数[②]，从而得到碳排放量，其不包括在加工转换过程中能源投入产生的碳排放量[③]。上述两种方法在计算 CO_2 时均存在一定程度的低估，本研究在计算时以终端能源消费法计算公式（3.1）为基础，具体计算时对数据进行修正。

[①] 目前有多家研究机构对一次能源的碳排放系数进行了公布，如美国能源信息署（EIA）、日本能源经济研究所、国家发改委能源研究所等。

[②] 通常采用联合国政府间气候变化专门委员会（IPCC）提供的 2006《国家温室气体排放清单指南》中的碳排放系数。

[③] 许泱.中国贸易、城市化对碳排放的影响研究[D].华中科技大学，2011 年.

$$C = \sum_i \sum_j E_{ij} \cdot \alpha_j \cdot \beta_j \cdot (44/12) \qquad (3.1)$$

式中，C 为某省区生产 CO_2 排放总量；下标 i 代表行业（i＝1, 2, ……6, 分别代表农业、工业、建筑业、交通运输仓储和邮政业、批发零售和住宿餐饮业、其他行业）；下标 j 代表能源种类（分别为煤炭、焦炭、原油等，各年能源统计年鉴中能源种类的分类不尽一致）；E_{ij} 为 i 行业消耗 j 种能源的实物量；α_j 为 j 种能源的折标准煤系数，β_j 为 j 种能源的碳排放系数，44/12 为碳转化为 CO_2 的折算系数。

表 3.1　IPCC 提供的碳排放系数　　单位：万吨碳/万吨标准煤

能源	系数	能源	系数	能源	系数	能源	系数
原煤	0.7559	原油	0.5857	燃料油	0.6185	焦炉煤气	0.3548
洗精煤	0.7559	汽油	0.5538	其他石油制品	0.5857	炼厂干气	0.4602
焦炭	0.8550	煤油	0.5714	液化石油气	0.5042	其他煤气	0.3548
其他焦化产品	0.6449	柴油	0.5921	天然气	0.4483	水电、核电	0.0

资料来源：IPCC：2006《国家温室气体排放清单指南》

数据方面，若直接利用"地区能源平衡表"中分行业的终端能源消费数据作为 E_{ij}，不考虑能源加工转换过程中的投入量，则会造成对工业部门 CO_2 排放量的低估[①]。故本研究在历年"地区能源平衡表"分行业终端能源消费数据的基础上，将能源加工转换过程中火力发电、供热等的能源投入计入工业部门，得到历年各省分行业各类能源消费实物量数据。利用《中国能源统计年鉴》中的折标准煤系数将其折算为标准煤。关于碳排放系数，鉴于各种能源在不同年份碳排放系数变

---

① 终端能源消费中热力、电力的消耗不计算碳排放，但实际用煤供热或发电时有大量碳排放，应将此计入工业部门。

化率较小以及测度碳排放系数的技术困难，这里假定每一种燃料都是充分燃烧的，故其碳排放系数是不变的，采用 IPCC（2006）提供的《国家温室气体排放清单指南》中的碳排放系数（见表 3.1）。另外，受官方统计资料的限制，本研究只计算我国各省区 1985 年，1995—2011 年的碳排放数据。个别省份特殊年份的缺失值采用增长速度插值法进行补齐。

2. 各省区生产隐含碳排放总量估算结果分析

根据式（3.1），计算出我国 30 个省区（西藏数据缺失）生产隐含 CO_2 排放总量，这里仅给出 1985、1995、2000、2005、2010 年的估算结果，见表 3.2。

表 3.2 我国 30 个省区生产隐含 CO_2 排放总量　　单位：万吨

	1985	1995	2000	2005	2010	1995-2011 累计	占比 %	排序
北京	8500	10163	9358	13298	14221	207187	1.59	23
天津	5016	7747	8857	13299	21243	209894	1.61	21
河北	16230	29345	32884	66442	104407	980806	7.52	3
山西	11119	45167	43485	84769	117387	1260826	9.67	1
内蒙古	6171	11103	14686	35140	78623	592487	4.54	8
辽宁	25278	35474	39551	57855	79484	888701	6.81	4
吉林	7989	12285	11974	19549	28856	314280	2.41	16
黑龙江	15486	20835	23503	30308	48635	518366	3.97	9
上海	9422	15750	19215	26091	31147	392857	3.01	14
江苏	13115	25084	27520	52921	76876	758206	5.81	5
浙江	4676	12088	16652	31659	46137	454944	3.49	10
安徽	8859	14103	16759	24311	39441	399598	3.06	13
福建	2145	4813	6690	14032	24547	209293	1.60	22
江西	4446	8059	7439	13339	20282	203344	1.56	25
山东	17473	32609	33633	85133	138883	1214620	9.31	2
河南	13628	19909	21685	49064	84537	738339	5.66	6

	1985	1995	2000	2005	2010	1995-2011累计	占比%	排序
湖北	9537	14744	16899	24953	39069	402602	3.09	12
湖南	9080	12817	10079	24189	33783	335012	2.57	15
广东	7725	18967	25609	41893	65993	641519	4.92	7
广西	1987	5714	5787	11305	18476	169967	1.30	27
海南	191	563	916	1656	5611	43225	0.33	29
重庆	3643	6041	7697	10017	21151	170533	1.40	26
四川	14237	21952	12848	23210	41958	406934	3.12	11
贵州	4505	7594	10421	18784	29417	293434	2.25	18
云南	3507	6767	7144	19685	29075	258788	1.98	20
陕西	5077	6896	8572	18297	38353	308934	2.37	17
甘肃	5266	7441	8627	13523	18872	204726	1.57	24
青海	892	1192	1312	2125	4666	42568	0.33	30
宁夏	1446	3273	4226	9360	19491	155664	1.19	28
新疆	4746	7392	9429	16504	29884	267028	2.05	19
全国	237558	419846	463457	852709	1350507	13044684	100	—

（1）从全国情况来看，生产隐含碳排放呈现快速上升的变化趋势，只是各阶段变化速度不尽相同，见图 3.1。1985—1995 年间，我国生产隐含碳排放增长速度较快，年均增长 6%。改革开放政策的实施极大地拉动了经济增长，进而带动了能源消费的大量增加。1996—2002 年我国生产隐含碳排放变化趋于平稳，年均仅增长 3%。这主要是受 1997 年我国大力调整能源政策和加强环境管制，关停并转了 10 多万家能源和排放密集型中小企业及亚洲金融危机的影响；然而，2003 年，我国各地区能源消费迅猛增长，二氧化碳排放量随之迅速增加。2003 —2007 年，我国生产隐含碳排放量年均增长高达 15%，远远快于国内生产总值（GDP）的增长速度。这一方面是源于 2002 年后我国扩大内需的宏观经济政策导致了诸如水泥、生铁等高耗能行业生产的过度扩张（2003 年水泥、生铁产量增速几乎为 2002 年的 2 倍）。另一方面，2003 年我国出口迅速增加，出口在推动经济增长的同时，也带来了大

40

量的能源消费和碳排放。再者，我国出口产品结构不合理，绝大多数为能源密集型工业产品[①]，这也是我国生产隐含碳排放增长迅速的一个重要原因。2007—2009 年我国生产隐含碳排放增速出现小幅回落，年均增速为 6%；此后又趋于快速上升趋势，2009—2011 年年均增长 12%。

全国生产碳排（万吨）

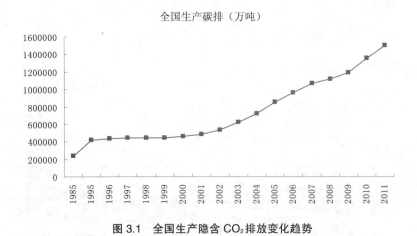

图 3.1　全国生产隐含 CO_2 排放变化趋势

　　（2）从各省区情况来看（图 3.2 和表 3.2），1995—2011 年累计生产隐含碳排放总量排名前十位的省份是山西、山东、河北、辽宁、江苏、河南、广东、内蒙古、黑龙江、浙江。其中，尤以山西、山东两省为最，其累计生产隐含碳排放总量分别占全国的 9.67% 和 9.31%。总体来看，这些省份可归为两类：一类是能源富裕地区，如山西、河北、辽宁、河南、内蒙古、黑龙江。这些省份资源丰富，尤其是山西，其煤炭产量极高，高耗能产业所占比例较大。同时，河北、辽宁也是钢铁生产大省，煤炭消耗量巨大，故其碳排放量居高不下；第二类是制造业基础较好的省份，如山东、江苏、广东、浙江。这些省份都是沿海大省，加工业、制作业发达。虽然其产业结构日益趋于清洁化，

　　[①] 由《中国统计年鉴（2012）》可知，在 2011 年我国出口货物总额中，化学品及有关产品、轻纺产品、橡胶制品、矿冶产品及其制品、机械及运输设备（虽然机械及运输设备生产过程本身能耗不高，但却要消耗大量的能源密集型原材料）等能源密集型产品约占 70%。

但由于其经济和贸易规模较其他内陆省份大，所以对能源的需求量巨大，故其生产隐含 CO_2 排放总量远远高于其他省份。在确定各地区减排责任时，应当充分考虑这些省份的累计生产隐含碳排放，才能更好地体现公平。

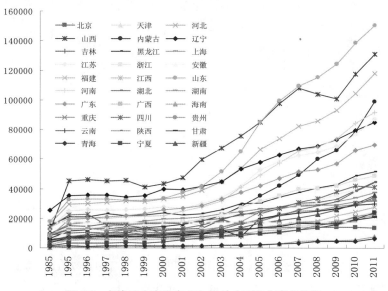

图 3.2 各省区生产隐含 CO_2 排放（万吨）变化趋势

1995—2011 年累计生产隐含碳排放总量排名后十位的省份（直辖市）是青海、海南、宁夏、广西、重庆、江西、甘肃、北京、福建、天津。其中，青海、海南两省累计之和仅占全国的 0.66%，非常之少。虽然重庆、北京、天津经济发展较快，但由于其经济规模较小，同时对环境要求较高，经济结构较其他省份清洁，产业结构以低能耗低污染产业为主，高耗能产品主要靠省外调入，故其生产隐含碳排放量较少。而其余七省之所以生产隐含碳排放量较少，主要是因为其人口稀少或工业不发达，重化工业仍处于发展阶段，产业的能源密集度相对较低。

另外，从历史变化趋势来看，1985 年，辽宁生产隐含碳排放量居于全国第一位，山东排名第二。1995 年，山西已经远远超过前两者，位于全国第一位，且这种状态一直保持到 2004 年。2005 年，山东超过山西，生产隐含碳排放量排到全国第一位，且在 2008 年拉大了和山西的总量差距。总体来看，各省生产隐含碳排放量均呈增长态势，但排名前十位省份的碳排放增量明显快于排名后十位的省份，致使省际之间的生产隐含碳排放差距越来越大。

3.1.2　生产隐含碳排放强度的计算与分析

众所周知，碳排放总量与经济总量有直接关系，为更好地反映我国碳排放总体状况，下面引入碳排放强度（单位产值碳排放）进行分析。利用全国分行业及各省区的生产隐含碳排放数据、全国行业增加值及历年地区生产总值数据[①]，可计算得到全国分行业及各省生产隐含碳排放强度数据。

1. 行业层面的分析

由图 3.3 可看出，我国生产隐含碳排放强度总体呈现下降趋势，其中，工业碳排放强度最高，其降幅也最为明显，主导着我国总体碳排放强度的变化趋势。2000 年以前，工业碳排放强度持续快速下降。但"十五"以来，伴随我国城市化和重化工业化水平的提高，工业碳排放强度下降速度明显降低，甚至在 2003 年开始出现反弹，这与 2003 年我国生产隐含碳排放总量明显增加不无关系。虽然工业碳排放强度在 2007 年有所降低，但 2010 年又呈现新一轮反弹趋势。考察期内，工业碳排放强度一直远高于其余行业，说明我国工业碳排放强度还有很大的下降空间。

---

① 全国各行业增加值及地区生产总值数据来自于相应年份《中国统计年鉴》，以 2000 年价格表示。

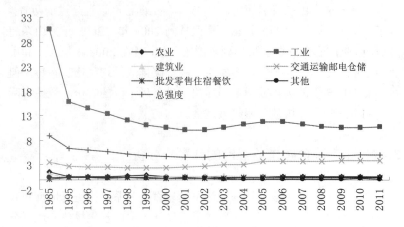

图 3.3　全国分行业生产隐含碳排放强度（吨/万元）

考察期内非工业碳排放强度变动幅度很小，对总体碳排放强度影响不大。交通运输业碳排放强度高于农业、商业和其他服务业，且呈现上升的变化趋势。鉴于碳排放强度下降对抑制我国碳排放总量增加具有关键作用，在制定减排政策时，应将降低各部门（尤其是工业部门和交通运输部门）碳排放强度作为重要的监控目标。

2．省区层面的分析

图 3.4 显示，我国多数省份生产隐含碳排放强度在 1985—2011 年期间呈先下降，后上升（2003 年左右），再下降的变化轨迹，与全国总强度变化趋势基本吻合，只有个别省份例外，如山西、宁夏。各地区生产隐含碳排放强度的高低存在较大差距：2009 年以前，山西生产隐含碳排放强度最高，且在 1985—1995 年间呈上升态势。虽然 1996 年后开始快速下降，但在 2002 年又出现回升；2009 年以后，宁夏生产隐含碳排放强度超过山西，居于全国第一位。

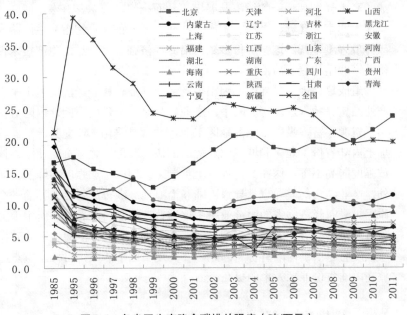

图3.4 各省区生产隐含碳排放强度（吨/万元）

表3.3 1985-2011年各省生产隐含碳排放强度均值 单位：吨/万元

省份	强度	省份	强度	省份	强度	省份	强度	省份	强度
北京	3.41	吉林	6.92	福建	2.07	广东	2.39	云南	5.02
天津	4.94	黑龙江	7.22	江西	4.11	广西	3.06	陕西	6.14
河北	7.83	上海	3.78	山东	5.30	海南	2.56	甘肃	8.62
山西	25.51	江苏	3.59	河南	5.55	重庆	4.58	青海	5.79
内蒙古	10.71	浙江	2.79	湖北	4.87	四川	4.64	宁夏	17.94
辽宁	8.23	安徽	5.86	湖南	3.95	贵州	11.03	新疆	7.86

　　计算各地区1985—2011年生产隐含碳排放强度均值（表3.3）发现，山西、宁夏、贵州、内蒙古、甘肃、辽宁、新疆、河北、黑龙江、吉林十个省份生产隐含碳排放强度较高，其中有5个省份为碳排放大省。这些省份多数为内陆能源富裕区域，尤其是山西，充足的煤炭储量，决定了其能源消费结构长期以煤炭为主，能源利用效率极低，形

成了高消耗、高污染的经济发展模式。而福建、广东、海南、浙江、广西、北京、江苏、上海、湖南、江西十个省份（直辖市）生产隐含碳排放强度较低。这些省份多数为沿海经济强省，先进的生产技术使得其产业结构趋于清洁化。

造成这种地区差异的原因很多，诸如产业转移、经济发展水平、产业结构、技术进步等。其中，产业转移是一个重要原因。内陆省份由于资源丰富，吸引了东部地区工业，尤其是重化工业向其转移。再加上内陆省份工业化和城镇化进程的加快，其能源强度进而使得碳排放强度居高不下，这在一定程度上抑制了全国碳排放强度的降低。此外，产业结构的差异也是导致内陆和沿海地区碳排放强度差异的一个原因。沿海经济强省的服务业所占比重普遍高于内陆省份，而由上文分析已知，服务业碳排放强度远远低于工业，因此，沿海地区的碳排放强度普遍低于内陆省份。因此，要实现全国节能减排目标，重点应放在内陆省份能源效率的提高上。

3.1.3　碳排放的国际比较

气候变暖已经引起全球各国的广泛关注，面对这一严峻挑战，减少碳排放成为人类社会的广泛共识。然而，由于存在切实利益冲突，各国对于减排责任的确定存在严重分歧。发达国家强调当前排放，要求发展中国家也像他们那样承担刚性的减排责任；而发展中国家则强调历史排放或人均排放，要求发达国家承担更大的减排责任。我国作为发展中大国，当前碳排放量已居于世界首位。那么，我国在国家间责任分摊中应承担多大的减排责任以及未来我国的减排潜力如何？这需要我们进一步明确我国碳排放与其他国家的差异。

1. 累计碳排放的国际比较

这里选取了 10 个国家的碳排放数据（表 3.4）进行分析说明。从 1850—2005 年的国家累计排放来看，美国居于全球第一位，其累计排放总量为 3282.64 亿吨 CO_2，占全球的 29.25%；我国累计排放虽然位于全球第二位，但仅占全球的 8.28%，这一比重远远低于美国；俄罗斯累计排放位于全球第三位，占全球的 8.05%，仅次于我国；印度位于第八位，占全球的 2.32%。

表3.4 全球 10 个国家历史累计碳排放指标比较

国别	国家累计排放（1850-2005 年）			人均累计排放（1850-2005 年）		
	排放总量（亿吨 CO_2）	排名	占全球比重 %	排放量（吨 CO_2）	排名	占全球比重 %
英国	677.77	5	6.04	1125.4	2	15.52
美国	3282.64	1	29.25	1107.1	3	15.26
德国	790.33	4	7.04	958.3	6	13.21
加拿大	245.62	9	2.19	760.1	8	10.48
俄罗斯	903.27	3	8.05	631.0	12	8.70
澳大利亚	122.51	14	1.09	600.6	15	8.28
法国	320.32	7	2.85	526.2	21	7.25
日本	427.42	6	3.81	334.5	36	4.61
中国	929.50	2	8.28	71.3	88	0.98
印度	260.08	8	2.32	23.8	122	0.33

资料来源：Climate Analysis Indicators Tool Version 6.0, Washington, D.C.: World Resources Institute, 2009, http：／／cait wri org; http：／／cait wri org.

人均累计排放是累计排放与人均排放概念的延伸，体现了人均尺度上的历史累计排放。由表 3.4 可见，虽然我国累计排放位于全球第二位，但由于我国人口众多，人均累计排放处于第 88 位，占全球的 0.98%；美国人均累计排放位于第 3 位，占全球的 15.26%，远高于我国；英国、德国、加拿大等发达国家的人均累计排放也较高；印度同我国的情况接近，巨大的人口规模导致其人均累计排放相对较低，位于第 122 位。

2．人均碳排放的国际比较

从表 3.5 来看，2007 年我国的人均二氧化碳排放为 5 吨，略高于世界平均水平（4.6 吨）。与其他国家相比，我国人均碳排放处于中下水平。美国和澳大利亚人均碳排放较高，分别达到了 19.3 吨和 17.7 吨；韩国、新加坡、捷克、俄罗斯人均碳排放都在 10 吨以上；英国、法国等主要欧洲国家的人均碳排放水平也都在 6 吨以上，明显高于我国人均水平。

表 3.5　2007 年中国与世界其他国家人均碳排放

国家	人均碳排放（吨）	国家	人均碳排放（吨）
中国	5.00	美国	19.30
中国香港	5.80	巴西	1.90
印度	1.40	法国	6.00
韩国	10.40	德国	9.60
新加坡	11.80	意大利	7.70
埃及	2.30	英国	8.80
南非	9.00	俄罗斯	10.80
捷克	12.10	澳大利亚	17.70

数据来源：世界银行数据库，The World Bank Group, World Bank Data: World Development Indictors & Global Development Finance.

3．碳排放强度的国际比较

我国碳排放强度远高于世界发达国家，甚至高于其他发展中国家。2009 年，我国每万美元 GDP 二氧化碳排放量为 22.19 吨，是日本的 8.9 倍，德国的 8.2 倍，巴西的 5.3 倍，美国的 5.2 倍，印度的 1.6 倍（杜克锐等，2011）。可见，我国二氧化碳排放强度整体上仍处于一个比较高的水平，这也在一定程度上说明我国碳排放强度有很大下降空间。

发达国家碳排放强度较低，一是由于它们的产业结构清洁，以碳排放较低的第三产业为主；二是由于其技术水平较高、居民的环保理念较强。中国正处在工业化加快的过程中，工业，尤其是重化工业在国民经济中的比重较大，工业化和城市化促进了钢铁、水泥等高耗能高排放产业的加速发展。因此，要降低碳排放强度，关键是要转变经济发展模式，调整以重化工业为主导的产业结构，引进先进生产技术，降低单位产值能耗。

48

3.2　各省区消费隐含碳排放总量与强度测算

上一节对我国各省区生产隐含碳排放及强度进行了计算与分析，为了在减排责任分摊时体现公平性，需要进一步计算各省区消费隐含碳排放，其计算公式为：消费隐含碳排放量＝生产隐含碳排放量－调出产品隐含碳排放量＋调入产品隐含碳排放量+生活消费碳排放量[①]。以 i 省为例，设其生产隐含碳排放量为 $C_{i,p}$，生活消费碳排放量为 $C_{i,l}$，调出给 j 省的产品隐含碳排放量为 C_{ij}，从 j 省调入产品所隐含的碳排放量为 C_{ji}，则 i 省消费隐含碳排放量 $C_{i,c}$ 为：

$$C_{i,c} = C_{i,p} - \sum_j C_{ij} + \sum_j C_{ji} + C_{i,l} \qquad (3.2)$$

省区间调入、调出产品隐含碳排放量需要依据省区间投入产出表的贸易流量数据，运用省区间投入产出模型进行计算，下面对该模型进行说明。

3.2.1　省区间投入产出模型与数据说明

1. 省区间投入产出模型

为了揭示区域间的贸易经济联系，美国区域经济学家艾萨德（Isard W.）在 1951 年研制了区域间投入产出模型（IRIO）。IRIO 不仅可以反映各区域间不同产业的贸易联系，还可以为区域间相互作用分析提供数据基础。其从国民经济各部门之间相互依存的技术经济联系入手，将产业及区域之间错综复杂的关系有效衔接，为测度最终需求诱发的区域碳排放及其转移提供了有力分析工具。投入产出表的基本平衡关系式为：

[①] 调入调出碳排放量既包括省区间调入调出产品隐含碳排放，也包括各省的进出口产品隐含碳排放。另外，多数文献在核算消费碳排时没有考虑生活消费，存在低估，本研究将其考虑在内。

$$AX + Y = X \qquad (3.3)$$

其中，X、A、Y 分别表示总产出向量、直接消耗系数矩阵和最终需求向量。其可改写为：

$$X = (I - A)^{-1}Y \qquad (3.4)$$

其中，$(I-A)^{-1}$ 为列昂惕夫逆矩阵，表示生产单位最终产品对各投入部门产品的完全需求。

各地区的最终产品 Y，一部分用于本地区居民最终消费或企业资本积累，一部分通过国内、国际贸易调往其他地区或国家。将 i 省调出给 j 省的部分用 EX_{ij} 表示（$i, j = 1,2,3\cdots31$，1—30 表示国内 30 个省区，31 代表国外），依据式（3.4），可计算 i 省为生产 EX_{ij} 所投入的全部产品价值 X_{ij}：

$$X_{ij} = (I - A_i)^{-1}EX_{ij} \qquad (3.5)$$

X_{ij} 与 i 省分部门碳排放强度向量 c_i 的乘积，即 i 省生产调出品 EX_{ij} 所产生的完全碳排放量 C_{ij}：

$$C_{ij} = c_i[(I - A_i)^{-1}EX_{ij}] \qquad (3.6)$$

需要注意，我国编制和使用的地区投入产出表均为竞争型投入产出表。其假设进口产品与国内同类产品相同，具有竞争关系。进口产品同国内产品一样进入中间需求和最终需求，但其并不排放 CO_2。因此，在计算各省列昂惕夫逆矩阵时，需从式（3.6）的直接消耗系数矩阵中剔除进口的影响：

$$C_{ij} = c_i[(I - (I - \hat{M}_i)A_i)^{-1}EX_{ij}] \qquad (3.7)$$

式中 $\hat{M}$ 为进口系数对角矩阵，其按各部门进口量占国内总需求的比例确定（石敏俊等，2012）。将式（3.7）的 C_{ij} 矩阵代入式（3.2），即可得到 i 省的消费隐含碳排放量。

此外，通过式（3.7）计算得到 C_{ij} 后，还可进一步计算 i 省国内总调出 $\sum_j C_{ij}$（ $j \neq i,31$，）、j 省国内总调入 $\sum_i C_{ij}$（ $i \neq j,31$）、i 省出口 C_{ij}（j=31）、j 省进口 C_{ij}（i=31）、i 省国内净调出（国内总调出减总调

入）、i 省净出口（出口减进口）及 i 省净输出（净调出+净出口）产品隐含碳排放量。

2．指标与数据说明

式（3.7）中，调出品 EX_{ij} 的计算需要使用省区间投入产出表，而目前我国统计部门尚未公布官方省区间投入产出表。现有区域间投入产出表主要有：国家信息中心编制的 1997 年中国八区域间投入产出表、张亚雄等编制的 2002 年和 2007 年八区域间投入产出表、王慧炯等合作编制的七区域间投入产出表、李善同等编制的 2002 年地区扩展投入产出表、石敏俊等编制的 2002 年 30 省区间投入产出表和刘卫东等编制的 2007 年 30 省区间投入产出表。其中，石敏俊等和刘卫东等编制的为 30 省区间投入产出表，符合本研究对省区间贸易流量数据的需求，故采用这两张表进行计算。

但是，需要说明的是，刘卫东等编制的 2007 年 30 省区间投入产出表为非竞争型投入产出表，i 省调出品 EX_{ij} 中不含进口，故计算 2007 年省际间碳排放转移时可直接采用式（3.7）。但石敏俊等编制的 2002 年 30 省区间投入产出表为竞争型投入产出表，i 省调出品 EX_{ij} 中包含进口，故应将其中的进口剔除，计算省际间碳排放转移时应采用下面的公式：

$$C_{ij} = c_i [(I - (I - \hat{M}_i) A_i)^{-1} (I - \hat{M}_i) EX_{ij}] \qquad (3.8)$$

式（3.7）中，直接消耗系数矩阵 A_i 的计算采用国家统计局公布的 30 个省区 2002 年、2007 年中国地区投入产出表。目前我国所有投入产出表最新数据为 2007 年，虽然 2007 年数据时效性降低，但鉴于各地区投入产出结构及对外贸易结构较为稳定，其很大程度上能够反映长期碳排放转移的地区分布特征。

为了和计算碳排放数据时的部门分类一致，将 2002 年投入产出表均合并为 5 个部门[①]。将 2007 年投入产出表均合并为 6 个部门[②]。i 省

---

①农业、工业、建筑业、交通运输邮电仓储业、其他服务业。

②农业、工业、建筑业、交通运输邮电仓储业、批发零售住宿餐饮业、其他服务业。

分部门碳排放强度向量 c_i 由本章第一节计算的各省分部门碳排放量除以该省分部门总产出计算得到。另外，西藏数据的缺失，对我们的研究结果不会有太大影响，因为其经济占全国的比重较低。

3.2.2 我国 2002、2007 年省区碳排放转移测算及特征分析

1. 2002 年碳排放转移绝对量分析

根据式（3.8）得到 2002 年我国 30 省区间产品贸易隐含碳排放，进一步计算省际调出、调入、出口、进口、净调出、净出口及净输出产品隐含碳排放量，结果见附表 1。

（1）分析国内贸易发现，通过省际贸易调出产品隐含碳排放最多的五个省份为山西、河北、辽宁、山东和吉林。除山东外，其余四省均为能源富裕省份，尤其是山西，调出煤炭、电力等初级产品较多。河北、辽宁资源丰富，同时也是钢铁生产大省，通过钢铁产品的输出调出了较多碳排放。山东为沿海制造业大省和经济强省，加工制造品调出调入均较多。吉林主要是汽车制造和化工的调出较大。调出产品隐含碳排放最少的五个省份是海南、青海、福建、云南和广西。这些省份均不是能源大省，工业不发达，且经济总量相对较小，省内调出产品数量较少。

通过省际贸易调入产品隐含碳排放最多的五个省份为河北、上海、广东、黑龙江和浙江。上海、广东、浙江为沿海制造业大省和经济强省，对外依赖较深，直接调入的煤炭等能源产品规模巨大，而这些能源产品隐含 CO_2 排量较高。河北省煤炭资源禀赋虽然不低，但由于省内有邯钢、唐钢两大钢铁集团，钢铁制造过程中消耗大量能源，省内煤炭无法满足生产需要，需调入大量煤炭等直接能源产品，从而调入产品隐含碳排放量较高。调入产品隐含碳排放最少的五个省份是青海、海南、宁夏、新疆和重庆。这几个省份人口较少且工业不发达，无需调入较多直接能源产品和能源密集型产品，因此调入产品隐含碳排放最少。

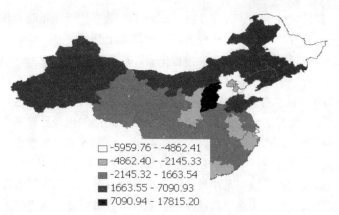

图 3.5　2002 年各省区省际净调出产品隐含碳排放（万吨）

从各省区净调出产品隐含碳排放情况看（图 3.5），山西净调出量最大，其次为辽宁、内蒙古、吉林、山东、新疆。这几个省份均为能源和重化工业的主要分布地区，大量输出能源密集型产品，为沿海经济发达地区提供有力支持。此外，净调出量为正的省份还有河南、湖北、重庆、四川、贵州、宁夏和新疆。从国内贸易角度看，这些能源富裕地区生产过程排放的 CO_2 大于消费过程排放的 CO_2，为其他地区能源密集型产品的消费做出了环境贡献，属于能源环境的受损者。因此，国家在确定地区节能减排责任时，应充分考虑各地区的实际生产与消费情况，减少上述地区的碳减排责任。

而上海、河北、黑龙江、北京、天津、浙江等则为隐含碳排放净调入大省（直辖市），这些省份多数为沿海经济强省，工业制造业发达，对电力、钢铁、水泥等能源密集型产品调入的依赖较大。从国内贸易角度看，这些经济发达地区通过调入产品显著降低了自身碳排放，属于能源环境的受益者。因此，国家在确定地区节能减排责任时，应根据其隐含能源消费情况适度增加其碳减排责任。

（2）分析国际贸易发现，我国进出口贸易隐含碳排放量巨大，现有研究已对此形成普遍共识。2002 年我国 30 个省区出口贸易隐含碳排放总量为 7.35 亿吨，进口贸易隐含碳排放总量为 2.51 亿吨，净出口隐含碳排放 4.84 亿吨。而这只是 2002 年数据，近几年随着我国出口规模的持续扩大，净出口隐含碳排放持续上升。

从各省进出口产品隐含碳排放来看，广东、辽宁、江苏、山西、山东、上海、浙江 7 省（直辖市）的出口产品隐含碳排放较高，占全国总量的 70% 左右。这些省份除山西外均为沿海经济发达地区，对外贸易规模较大，而山西省为产煤大省，煤炭产品的出口导致其隐含碳排放出口较多。广东、辽宁、上海、江苏、山东 5 省（直辖市）的进口产品隐含碳排放占全国总量的 57.8%。这些省份均为经济发达地区，需要进口大量产品以满足本地经济发展需要，且其一般既是进口产品隐含碳排放大省，又是出口产品隐含碳排放大省。尽管内地省区直接进出口产品隐含碳排放量不大，但通过对沿海省区大量调出调入产品而间接进出口的碳排放量则不容忽视。

从净出口产品隐含碳排放情况看（图 3.6），净出口产品隐含碳排放量较大的省份多为广东、浙江、江苏、山东等东部沿海发达地区（山西除外）。从国际贸易角度看，这些地区为国外消费者提供产品排放的 CO_2 大于从国外进口产品排放的 CO_2，减少了国外碳排放，增加了自身碳排放，属于能源环境的受损者。而吉林、海南、青海、甘肃等内陆地区净出口产品隐含碳排放量较少。

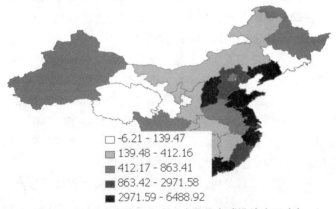

图 3.6　2002 年各省区净出口产品隐含碳排放（万吨）

最后,分析各省区碳排放的总净输出发现,其与省际净调出产品隐含碳排放地区分布特征极其相似。由此看来,我国产品贸易隐含碳排放的地区分布格局由国内贸易主导。在分摊地区碳减排责任时,应将国内贸易引发的碳排放转移量作为主要依据。

2. 2002 年省区碳排放转移比例分析

以上只是对碳排放转移绝对量的分析,为更好地考察我国碳排放省区转移特征,进一步计算各省区转出、转入比例矩阵①,结果见附表 2、3,这里只给出汇总后的结果,见表 3.6(由附表 2 汇总得到)和表 3.7(由附表 3 汇总得到)。

表 3.6　2002 年各省区碳排放转出比例　　　　单位:%

省份	转给本省	转出省外	省份	转给本省	转出省外	省份	转给本省	转出省外
北京	43.84	56.16	浙江	38.14	61.86	海南	75.42	24.58
天津	40.27	59.73	安徽	61.25	38.75	重庆	57.30	42.70
河北	54.58	45.42	福建	52.72	47.28	四川	66.27	33.73
山西	55.64	44.36	江西	70.57	29.43	贵州	70.81	29.19
内蒙古	53.39	46.61	山东	56.65	43.35	云南	76.33	23.67
辽宁	47.82	52.18	河南	69.37	30.63	陕西	68.80	31.20
吉林	26.43	73.57	湖北	67.92	32.08	甘肃	56.83	43.17
黑龙江	72.63	27.37	湖南	72.20	27.80	青海	69.06	30.94
上海	48.28	51.72	广东	35.31	64.69	宁夏	62.47	37.53
江苏	47.64	52.36	广西	63.70	36.30	新疆	56.89	43.11

① 均包括进出口。转出比例矩阵行和为 100%,第 i 行第 j 列上的元素表示 i 省调出给 j 省的碳排放占 i 省总调出的比例;转入比例矩阵列和为 100%,第 i 行第 j 列上的元素表示 j 省从 i 省调入的碳排放占 j 省总调入的比例。

表 3.7　2002 年各省区碳排放转入比例　　　　　单位：%

省份	本省转入	省外转入	省份	本省转入	省外转入	省份	本省转入	省外转入
北京	27.53	72.47	浙江	36.88	63.12	海南	43.58	56.42
天津	27.30	72.70	安徽	52.26	47.74	重庆	61.48	38.52
河北	47.21	52.79	福建	46.23	53.77	四川	73.55	26.45
山西	85.21	14.79	江西	59.43	40.57	贵州	75.45	24.55
内蒙古	59.68	40.32	山东	59.74	40.26	云南	72.28	27.72
辽宁	49.50	50.50	河南	70.91	29.09	陕西	51.43	48.57
吉林	31.07	68.93	湖北	70.89	29.11	甘肃	51.56	48.44
黑龙江	58.73	41.27	湖南	64.73	35.27	青海	56.07	43.93
上海	30.80	69.20	广东	28.91	71.09	宁夏	69.08	30.92
江苏	44.71	55.29	广西	45.72	54.28	新疆	71.16	28.84

　　由表 3.6 可以看出，吉林、广东、浙江、天津、北京、江苏、辽宁和上海 8 省（直辖市）转出比例较高，均超过 50%，其碳排放有一半以上调出省外。这些省份多数为沿海地区或制造业发达区域，与石敏俊等（2012）得出的"调出比例较高的省份全部为资源富集区域"有所不同[①]。隐含碳排放调出绝对量最多的山西、河北两省的调出比例并没有超过 50%，说明这两省一半以上碳排放用于自身消费。另外，云南、海南、黑龙江、湖南、贵州和江西 6 省调出比例较低，不足 30%，且这几个省份的调出绝对量也较低，说明其省际间贸易往来较少，经济开放度很低。

　　从表 3.7 来看，天津、北京、广东、上海、吉林和浙江 6 省（直辖市）省外转入比例较高，均超过 60%。这些省份多为经济发达的沿海地区，经济开放度高，转入、转出比例均较高，说明这些省份呈现大进大出的碳排放转移特征，这与其频繁的省际经济贸易往来是一致

---

　　① 这可能是因为各省分部门单位产值碳排放系数计算方法不同。石敏俊等在计算分部门碳排放时，是将省排放总量（只计算了煤、石油、天然气三种能源）按终端能耗数据和投入产出表数据对应拆分到了 60 部门，和各部门实际碳排放存在一定的偏差。而本研究是按各地区能源平衡表中的分行业分能源数据分别计算了各部门碳排放，相对更为准确。

的。而山西、贵州、四川、云南、新疆、河南和湖北 7 省省外转入比例
很小，低于 30%。尤其是产煤大省山西，其省外转入比率仅为 14.79%，
产品生产能够满足本地区的需求，经济外贸依存度较低。从本省自身
转入比例来看，只有山西超过 80%，其余省份均在 80%以下。而石敏
俊等（2012）的各省计算结果在 70%~80%左右，山西甚至高达 91.9%，
严重低估了各省，尤其是沿海省份的经济开放度。

　　由附表 2 观察省区间碳排放流向发现：转移主要发生在大区内部
省份之间，即邻近省份（直辖市）之间。如京津冀之间，东北三省之
间，山西、河北、内蒙古之间，上海、江苏、浙江之间，安徽、山东、
河南、湖北之间，广东、湖南、江苏、浙江之间，西北地区（陕西、
宁夏、甘肃、青海、新疆）之间，西南地区（四川、重庆、广西、云
南、贵州）之间。而大区域之间的转移相对较少。这种空间转移特征
与商品和服务的省际贸易走向基本是一致的。

　　3．2007 年碳排放转移绝对量分析

　　根据式（3.7）计算得到 2007 年我国 30 省区间产品贸易隐含碳排
放，进一步计算省际调出、调入、出口、进口、净调出、净出口及净
输出产品隐含碳排放量，结果见附表 4。

　　（1）分析国内贸易发现，2007 年全国省际间调入调出产品隐含碳
排放总量达到 46.5 亿吨，几乎为 2002 年的 3 倍。可见，我国省际间
贸易越来越频繁，经济开放度明显提高。通过省际贸易调出产品隐含
碳排放最多的五个省份为河北、山西、河南、内蒙古和辽宁，虽与 2002
年相比发生了一些变化，但仍为能源富裕省份；调出产品隐含碳排放
最少的五个省份（直辖市）是海南、青海、福建、北京和江西。尽管
这些省份（直辖市）调出量相对较少，但已经比 2002 年调出绝对量增
加了很多。如海南 2002 年省际调出产品隐含碳排放 224 万吨，2007
年则达到 1542 万吨，表明这些省份与其他地区之间的贸易往来规模呈
增长趋势。通过省际贸易调入产品隐含碳排放最多的五个省份（直辖
市）为广东、河北、江苏、浙江和上海。其中，只有江苏替换了 2002
年的黑龙江，其余省份相同。

　　从各省区净调出产品隐含碳排放情况看（图 3.7），多数省份 2007

年净调出量绝对值均远远高于 2002 年，尤其是广东变化最为明显。山西仍然是净调出量第一大省。部分省份净流量方向发生了变化：河北、黑龙江、安徽、湖南、海南、云南、陕西和甘肃由原来的净调入变为了净调出；吉林、湖北、重庆和四川由原来的净调出变为了净调入。不过，这些省份中除河北、吉林外，其余省份净流量绝对值均较小，表明我国省际间贸易格局没有发生太大变化。

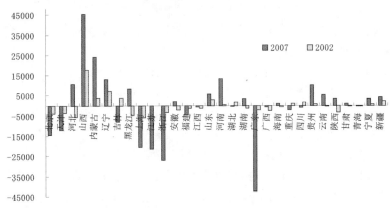

图 3.7　2002、2007 年各省区省际净调出产品隐含碳排放（万吨）

（2）分析国际贸易发现，我国进出口贸易隐含碳排量呈快速增长态势。2007 年我国出口贸易隐含碳排放总量为 18.86 亿吨，进口贸易隐含碳排放总量为 4.24 亿吨，净出口产品隐含的碳排放为 14.62 亿吨，2002—2007 年年均增长 24.7%。从出口来看，出口产品隐含碳排放最多的 7 个省市（广东、辽宁、江苏、山西、山东、上海、浙江）与 2002 年完全相同，且仍占全国出口总量的 70% 左右。可见，我国出口产品隐含碳排放长期来自这几个省份。从进口来看，进口产品隐含碳排放最多的 5 个省市（广东、江苏、山东、辽宁、上海）与 2002 年也完全相同，只是其占全国进口总量的比重由 2002 年的 57.8% 降为 45.9%，说明其余省份的进口在逐渐增加。从净出口对比情况看（图 3.8），净出口产品隐含碳排放量较大的省份仍为沿海发达地区或能源富裕地区，表明各省国际贸易隐含碳排放转移基本特征也未发生显著变化。

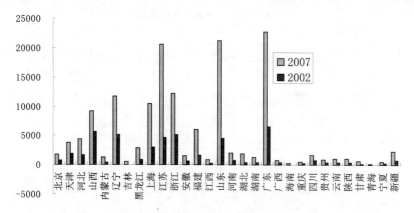

图 3.8　2002、2007 年各省区净出口产品隐含碳排放（万吨）

最后，2007 年各省区净输出产品隐含的碳排放仍与净调出产品隐含的碳排放地区分布特征相似，这说明产品贸易隐含碳排放的地区分布格局仍由国内贸易所主导。

4．2007 年省区碳排放转移比例分析

与 2002 年相同，计算各省区转出、转入比例矩阵，结果见附表 5、6，这里仍只给出汇总后的结果，见表 3.8 和表 3.9。

表 3.8　2007 年各省区碳排放转出比例　　　　　　　　单位：%

省份	转给本省	转出省外	省份	转给本省	转出省外	省份	转给本省	转出省外
北京	40.36	59.64	浙江	34.84	65.16	海南	51.86	48.14
天津	15.96	84.04	安徽	38.31	61.69	重庆	45.57	54.43
河北	24.42	75.58	福建	35.99	64.01	四川	64.68	35.32
山西	40.23	59.77	江西	62.17	37.83	贵州	36.65	63.35
内蒙古	30.29	69.71	山东	52.73	47.27	云南	39.48	60.52
辽宁	32.43	67.57	河南	44.07	55.93	陕西	27.07	72.93
吉林	35.55	64.45	湖北	68.46	31.54	甘肃	46.12	53.88
黑龙江	35.57	64.43	湖南	52.76	47.24	青海	55.33	44.67
上海	18.87	81.13	广东	20.30	79.70	宁夏	46.00	54.00
江苏	29.97	70.03	广西	45.87	54.13	新疆	33.10	66.90

表 3.9　2007 年各省区碳排放转入比例　　　　单位：%

省份	本省转入	省外转入	省份	本省转入	省外转入	省份	本省转入	省外转入
北京	21.37	78.63	浙江	25.44	74.56	海南	70.29	29.71
天津	10.33	89.67	安徽	43.60	56.40	重庆	40.39	59.61
河北	29.94	70.06	福建	39.76	60.24	四川	66.21	33.79
山西	81.53	18.47	江西	63.35	36.65	贵州	65.04	34.96
内蒙古	62.40	37.60	山东	69.97	30.03	云南	54.37	45.63
辽宁	51.15	48.85	河南	57.56	42.44	陕西	32.77	67.23
吉林	27.07	72.93	湖北	72.05	27.95	甘肃	51.07	48.93
黑龙江	50.88	49.12	湖南	62.51	37.49	青海	50.09	49.91
上海	13.90	86.10	广东	14.77	85.23	宁夏	66.87	33.13
江苏	29.55	70.45	广西	45.88	54.12	新疆	49.19	50.81

2007 年各省转移比例较 2002 年发生了一些变化，本省内的转移减少，省际间的转移增加，说明我国各地区经济开放度和市场一体化程度明显提高。由图 3.9 可以看出，除吉林、湖北外，其余省份 2007 年转出省外的比例均高于 2002 年。其中，河北、黑龙江、贵州、云南和陕西的变化幅度较大，转出比例均提高了 30%以上；由图 3.10 可以看出，除少数省份（如山东、海南）外，多数省份 2007 年省外转入比例也高于 2002 年。2007 年，天津、上海、广东既是转出比例最高的三省（直辖市），也是转入比例最高的三省（直辖市），表明这三个沿海发达地区的经济开放度极高。其一方面需要大量调入高耗能、高排放产品，另一方面又大量输出加工制造品。山西的省外调入产品隐含碳排放比重依然最低。

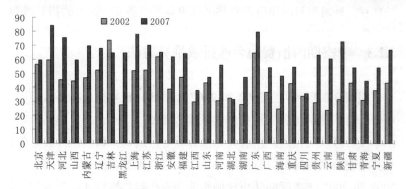

图 3.9　2002、2007 年各省转出省外比例

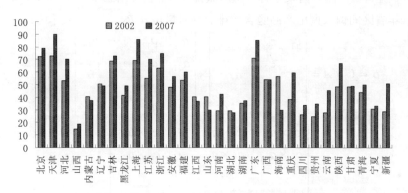

图 3.10　2002、2007 年各省省外转入比例

　　由附表 5 观察省区间碳排放流向发现，与 2002 年大体相同，2007 年碳排放转移仍然主要发生在大区内部省份之间，即邻近省份之间。所不同的是，各地区都增加了与上海、江苏、浙江、广东的碳排放转移。如山西，2002 年转给上述四省（直辖市）的比率分别为 0.27%、0.48%、0.28%、0.25%，2007 年则上升为 1.32%、5.35%、3.34%、5.27%；再如安徽，比率由 5.24%、3.61%、3.99%、2.89%上升为 7.05%、9.30%、7.96%、3.72%。此外，河北、内蒙古、河南、贵州、陕西、甘肃、宁夏等地区向上述四省（直辖市）的转出比率增幅也较为明显。可见，越来越严格的环境标准，使得沿海发达地区加快了其重化工业向内陆地区的转移，同时也反映出资源富裕区域服务于经济发达区域的指导思想。

3.2.3　考察期内消费隐含碳排放推算方法

根据 3.2.2 计算的 2002 和 2007 年省区间调入调出碳排放矩阵，可计算得到这两年各省消费隐含碳排放量 $C_{i,c}$（式 3.2）。但其余年份由于没有区域间投入产出表，无法计算省区间调入调出碳排放矩阵，故其消费隐含碳排放只能采用一定方法进行推算。具体为：首先根据 2002 和 2007 年省区间转出比例矩阵的变化趋势推算其余年份转出比例矩阵 A，然后由某年各省生产碳排放对角阵 C 乘以该矩阵，得到某年省区间调入调出产品隐含碳排放绝对量矩阵 B，用公式表示为：

$$B = C \times A = \begin{bmatrix} c_1 & & & \\ & c_2 & & \\ & & \cdots & \\ & & & c_n \end{bmatrix} \times \begin{bmatrix} a_{11} & a_{12} & \cdots & a_{1n} \\ a_{21} & a_{22} & \cdots & a_{2n} \\ & & \cdots & \\ a_{n1} & a_{n2} & \cdots & a_{nn} \end{bmatrix}$$

$$= \begin{bmatrix} c_1 \times a_{11} & c_1 \times a_{12} & \cdots & c_1 \times a_{1n} \\ c_2 \times a_{21} & c_2 \times a_{22} & \cdots & c_2 \times a_{2n} \\ & & \cdots & \\ c_n \times a_{n1} & c_n \times a_{n2} & \cdots & c_n \times a_{nn} \end{bmatrix} \tag{3.9}$$

其中，$n = 1,2,\cdots 31$（$1-30$ 表示国内 30 个省区，31 代表国外，a_{ij} 表示 i 省调出给 j 省碳排放占 i 省碳排放的比重，c_i 为 i 省生产碳排放总量，c_{31} 为某年进口碳排放[①]。最后，将 B 中调入调出数据带入式（3.2），即可得到各省消费隐含碳排放量 $C_{i,c}$。整个过程的关键是转出比例矩阵 A 的推算，分为两个步骤，一是对主对角线元素的推算，二是对非

---

① 根据我国 1997、2000、2002、2005、2007 年投入产出表中各行业进口数据及相应行业碳排放强度，计算得到这五年的进口碳排放，然后采用增长速度法推算出其余年份进口碳排放。这样计算的进口隐含碳排放，其含义是由于进口所减少的国内碳排放。

主对角线元素的推算，下面具体介绍其推算方法。

1. 主对角线元素的推算

2007 年转出比例矩阵主对角线元素较 2002 年有明显下降，这是由省际间经济贸易日益频繁决定的。假定 2002 年之前和 2007 年之后均为这种下降趋势，即 2002 年前主对角线元素应该比 2002 年高，相应 2007 年后主对角线元素应该比 2007 年低。

基于这种假定，在具体设计时，2002—2007 年之间各年的主对角线元素由这段期间的平均增长速度推算；2002 年之前[①]及 2007 年之后如果仍按此平均增长速度推算，将出现一些不合理取值（增长速度过快的省份推至 1997 年时，其省内转移比例将接近于 1，而推至 2011 年时其比例将接近于 0，均与实际情况不符）。因此，将 2002—2007 年间的平均增长速度下调（乘以设定的压缩系数）后作为 2002 年之前和 2007 年之后的增长速度，调整后主对角线元素总体变化趋势如图 3.11。

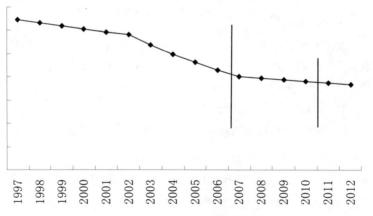

图 3.11　转出比例矩阵主对角线元素的变化趋势

关于压缩系数的设定，基于以下思想：2002—2007 年间主对角线元素增长速度远离其均值的元素，给其赋予较小的系数，即大幅减缓

_____
① 考虑到推算数据的准确性及合理性，本研究将时间推至 1997 年。

其过快或过慢的速度；而增长速度接近均值的元素，给其赋予较大的系数，即小幅减缓其速度。这可以通过标准正态分布概率密度来实现。通过考察 2002—2007 年间主对角线元素的增长速度（图 3.12）发现，其近似服从正态分布（通过了正态分布检验）。因此，将主对角线元素的增长速度标准化，其分布函数值即为该元素的压缩系数。

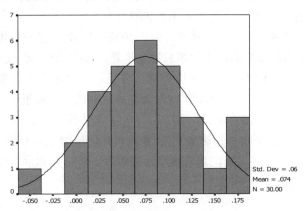

图 3.12　主对角线元素的增长速度分布图

设定好压缩系数后，即可得到 2002 年前和 2007 年后主对角线元素压缩后的增长速度，进而根据 2002 年和 2007 年的主对角线元素即可推算得到其余年份主对角线元素。

2．非主对角线元素的推算

由于非主对角线元素相对较小，且比较稳定，因此，假定 1997—2004 年各矩阵非主对角线某元素 a_{ij}（$i \neq j$）占非主对角线元素之和的比重 $a_{ij} / \sum_{j, i \neq j} a_{ij}$ 与 2002 年保持相同，2005—2011 年各矩阵非主对角线某元素占非主对角线元素之和的比重与 2007 年保持相同。这样，首先由前面得到的主对角线元素推出非主对角线元素之和，然后根据 2002 年和 2007 年非主对角线某元素占非主对角线元素之和的比重即可得到各年非主对角线各元素，最后汇总得到转出比例矩阵 A。

3.2.4　各省区消费隐含碳排放总量及强度分析

1. 各省区消费隐含碳排放总量

由前面介绍的方法推算出我国 1997—2011 年各省区的消费隐含碳排放总量，简要结果见表 3.10。

表 3.10　30 个省区消费隐含 CO_2 排放总量　　单位：万吨

	1997	2000	2005	2010	1997—2011 累计	占比%	排序
北京	11480	12343	22092	34536	327679	2.94	14
天津	9661	10381	18699	31639	276871	2.48	19
河北	38813	39159	59713	83207	865117	7.75	2
山西	30439	28753	48561	58681	658408	5.90	5
内蒙古	12105	12076	21936	34506	320217	2.87	16
辽宁	26413	28168	39378	52888	563822	5.05	7
吉林	7938	8580	23340	41579	322661	2.89	15
黑龙江	29503	27581	25360	31938	431873	3.87	10
上海	20272	22025	32266	49381	483089	4.33	9
江苏	21800	23145	53109	80528	689812	6.18	4
浙江	12881	15552	41877	69545	553148	4.96	8
安徽	16105	17259	22962	33077	349918	3.14	13
福建	5847	6932	13826	21187	188160	1.69	24
江西	8096	8557	13800	20415	202583	1.82	22
山东	27382	28850	67276	106319	911267	8.17	1
河南	22743	23210	44436	63027	605691	5.43	6
湖北	15006	15781	24053	38057	365236	3.27	11
湖南	13080	11612	22575	29669	299238	2.68	17
广东	19545	22257	57000	90982	743038	6.66	3
广西	6749	7455	11733	18170	177011	1.59	26
海南	1349	1692	1920	4155	40586	0.36	30
重庆	5896	6562	11535	20468	170703	1.53	27
四川	14213	12339	24197	40962	362068	3.24	12
贵州	12074	11553	14792	17578	212531	1.90	21
云南	9986	8523	16848	21056	212545	1.90	20
陕西	13906	12119	18706	28388	286487	2.57	18
甘肃	8048	8993	12916	19055	198639	1.78	23
青海	1697	1791	2984	5146	48484	0.43	29
宁夏	3377	3793	7274	12516	110407	0.99	28
新疆	7995	8167	12892	18704	182218	1.63	25
全国	434400	445207	788056	1177358	11159507	100	—

（1）从全国情况来看，消费隐含碳排放同生产隐含碳排放呈现大致相同的变动趋势，见图 3.13。生产隐含碳排放长期大于消费隐含碳排放，表明我国出口产品隐含碳排放长期大于进口产品隐含碳排放。另外，考察初期我国生产与消费隐含碳排放差距较小，随着时间的推移，其差距逐渐拉大，反映出我国出口贸易规模不断扩大，在拉动经济增长的同时，也为国际社会做出了巨大碳排放贡献，造成了自身资源与环境的持续恶化，同时也背负了巨大减排责任。因此，我国应果断转变出口模式，减少高能耗产品的出口。

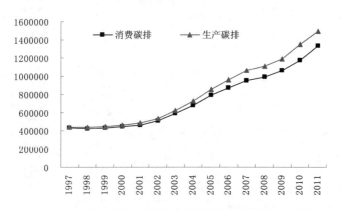

图 3.13　全国消费与生产隐含碳排放变动趋势（万吨）

（2）从各省区情况来看，1997—2011 年消费隐含碳排放累计总量排名前十位的省份（直辖市）是山东、河北、广东、江苏、山西、河南、辽宁、浙江、上海和黑龙江。其中，有 9 个省份（直辖市）与生产隐含碳排放排名前十位的省份相同。但是，与生产隐含碳排放不同的是，山东省超过山西，成为消费隐含碳排放第一大省，其消费隐含碳排放累计占全国累计总量的 8.17%，而山西则退居全国第五位；消费隐含碳排放累计总量排名后十位的省份基本都是西部地区，其中有 8 个省份（直辖市）与生产隐含碳排放排名后十位的省份相同。生产隐含碳排放较少的北京、天津两地区的消费隐含碳排放排名则分别上升至第 14、19 位，说明经济发达地区的消费隐含碳排放很大程度上是从省外调入。

另外，从历史变化趋势来看，2005 年之前，河北消费隐含碳排放量一直居于全国第一位，山西、山东交叉第二；2005 年以来，山东始终保持在第一位；2006 年广东排到全国第二位，并拉大了与其他省份的距离；各省消费隐含碳排放总量逐年增加的同时，省际间差异也在逐渐拉大。

2．各省区消费隐含碳排放强度

为更好地反映我国消费隐含碳排放总体状况，下面引入消费隐含碳排放强度（各省 GDP 仍采用 2000 年价格表示）进行分析。计算发现，我国多数省份消费隐含碳排放强度的变化趋势与全国相同，呈下降趋势。但是，各地区消费隐含碳排放强度的高低存在较大差距。进一步计算各地区 1997—2011 年平均消费隐含碳排放强度（表 3.11）发现，山西、宁夏两省消费隐含碳排放强度远远高于其余省份，同时这两省的生产隐含碳排放强度也最高，反映出这两个省份高耗能产业所占比重过大，单位产值碳排放较高。而福建、广东、江苏、浙江、海南等省份消费隐含碳排放强度较低。从全国来看，消费隐含碳排放强度低于生产隐含碳排放强度，这是由我国消费隐含碳排放总量低于生产隐含碳排放总量决定的。

表 3.11　1997–2011 年各省消费隐含碳排放强度均值　单位：吨/万元

省份	强度	省份	强度	省份	强度	省份	强度	省份	强度
北京	4.07	吉林	5.73	福建	1.91	广东	2.36	云南	4.58
天津	5.67	黑龙江	6.44	江西	4.02	广西	3.41	陕西	6.42
河北	7.18	上海	4.13	山东	3.87	海南	3.13	甘肃	7.95
山西	14.35	江苏	2.86	河南	4.70	重庆	3.99	青海	6.92
内蒙古	6.81	浙江	3.06	湖北	4.18	四川	3.52	宁夏	14.44
辽宁	5.01	安徽	5.13	湖南	3.43	贵州	9.23	新疆	5.69

3.2.5　各省区消费隐含碳排放与生产隐含碳排放差异分析

根据公式（3.2），消费隐含碳排放＝生产隐含碳排放＋净调入产品隐含碳排放＋生活消费碳排放。因此消费隐含碳排放与生产隐含碳排放差异包括两部分：一部分是净调入产品隐含碳排放，另一部分是生活消费碳排放，这里对其差异进行简要分析。

由表3.12，1997—2011年，我国多数省份隐含碳排放累计净调入为负值，表明其为隐含碳排放净调出省份，且山西、内蒙古、辽宁、山东等省净调出量较大。而北京、上海、浙江、广东等发达地区净调入量较大。全国范围来看，考察期内我国净出口隐含碳排放累计达1461254万吨[①]，表明发达国家通过国际贸易对我国存在严重"碳泄漏"，我国替其他国家背负着沉重的国际减排责任。

表3.12　各省区生产与消费隐含 CO_2 比较：1997–2011 累计 单位：万吨

省份	净调入隐含碳排放(1)	生活消费碳排放(2)	生产隐含碳排放(3)	消费隐含碳排放(4)	(4)-(3)
北京	125778	15491	186410	327679	141269
天津	76506	5496	194868	276871	82003
河北	−93570	37013	921675	865117	−56558
山西	−535075	24043	1169440	658408	−511032
内蒙古	−266072	16933	569357	320217	−249140
辽宁	−270150	16312	817660	563822	−253838
吉林	24447	9341	288873	322661	33788
黑龙江	−55970	11009	476834	431873	−44961
上海	113063	9923	360103	483089	122986
江苏	−27933	10242	707503	689812	−17691
浙江	112780	10833	429535	553148	123613
安徽	−32633	12619	369932	349918	−20014

---

① 由于国内总调入隐含碳排放＝国内总调出隐含碳排放，即国内净调入隐含碳排放为0。所以，全国净调入隐含碳排放即为国际净进口隐含碳排放＝进口隐含碳排放－出口隐含碳排放。若其数值为负，则表示净出口隐含碳排放。

续表

省份	净调入隐含碳排放(1)	生活消费碳排放(2)	生产隐含碳排放(3)	消费隐含碳排放(4)	(4)-(3)
福建	−18604	7655	199109	188160	−10949
江西	6568	7959	188057	202583	14526
山东	−259148	21486	1148929	911267	−237662
河南	−123336	30423	698604	605691	−92913
湖北	−26669	18530	373374	365236	−8138
湖南	−24081	14342	308977	299238	−9739
广东	117069	23425	602544	743038	140494
广西	13466	4994	158551	177011	18460
海南	−2097	652	42031	40586	−1445
重庆	−7439	7609	170533	170703	170
四川	−26531	26165	362433	362068	−365
贵州	−90276	26210	276597	212531	−64066
云南	−44026	11846	244726	212545	−32181
陕西	−22927	13723	295692	286487	−9205
甘肃	−2713	11735	189617	198639	9022
青海	3670	4555	40259	48484	8225
宁夏	−41886	3144	149149	110407	−38742
新疆	−83467	14498	251186	182218	−68968
全国	−1461254	428205	12192556	11159507	−1033049

从生活消费碳排放来看，河北省最多，占全国总量的 8.64%，但仅占自身消费隐含碳排放的 4.28%，表明生活消费碳排放在消费隐含碳排放中的比例不高，该省碳排放主要来自生产部门。另外，河南、四川、贵州、山西、广东等人口大省居民生活消费碳排放较多，而海南、宁夏、青海、广西等省则较少。

净调入产品隐含碳排放与生活消费隐含碳排放的和，即为消费与生产隐含碳排放的差。由于多数省份净调入产品隐含碳排放的绝对值大于生活消费碳排放，故消费与生产隐含碳排放的差异由净调入产品隐含碳排放主导。由表 3.12，北京、天津等 11 个省份（直辖市）消费隐含碳排放大于生产隐含碳排放，是能源环境的长期受益者，而其余 19 个省份则为能源环境的长期受损者。山西、辽宁、内蒙古、山东等省消费与生产隐含碳排放的差异较大，故在确定地区节能减排责任时，应充分考虑这些地区的生产和消费隐含碳排放差异，以体现责任分摊的公平性。

3.3 基本结论与认识

本章按"生产"和"消费"两种原则分别测算和分析了我国各省区碳排放总量及强度，并对其差异进行了简要分析。结果表明：

1. 计算各省区生产隐含碳排放发现：①我国生产隐含碳排放呈现上升趋势，2002 年之前碳排放总量增长缓慢，2002 年之后增长速度明显加快，省际间差异呈扩大趋势。1995—2011 年累计碳排放最多的是山西、山东两省，能源富裕地区和制造业基础较好的省份累计碳排放较多，而人口稀少或工业不发达地区的碳排放相应较少。②从生产隐含碳排放强度来看，总体呈现下降趋势。其中，工业碳排放强度最高，主导着我国总体碳排放强度的变化趋势。除生产隐含碳排放强度较高的山西、宁夏外，其余省份生产隐含碳排放强度变化趋势与全国总强度基本吻合。③从国际比较来看，我国累计碳排放排名靠前，而人均累计碳排放排名相对靠后；碳排放强度远高于世界发达国家，甚至高于其他发展中国家。较高的碳排放强度，表明我国节能减排潜力较大。

2. 利用 2002、2007 年省区间投入产出表计算省际间碳排放转移发现：①2007 年全国省际间调入调出产品隐含碳排放总量几乎为 2002 年的 3 倍，各地区经济开放度明显提高。能源富裕省份隐含碳排放调出量较大，而沿海或经济发达地区隐含碳排放调入量则较大。从国内、国际贸易来看，2002—2007 年我国省际间碳排放转移特征未发生显著变化。②从转移比例来看，2007 年与 2002 年相比，省内转移比例减少，省际间的转移比例增加，表明我国地区市场一体化程度有所提高。③从省区间流向来看，2007 年与 2002 年大体相同，碳排放转移主要发生在大区内部省份之间。所不同的是，各地区都增加了与上海、江苏、浙江、广东的碳排放转移。

3．计算各省区消费隐含碳排放发现：①我国消费隐含碳排放变动趋势与生产隐含碳排放大致相同，但其长期小于生产隐含碳排放，且差距逐年拉大，表明我国生产隐含碳排放越来越多地用于出口，发达国家对我国的"碳泄漏"越来越严重。②山西、辽宁、内蒙古、山东等省消费与生产隐含碳排放的差异较大；北京、天津等 11 个省份消费隐含碳排放大于生产隐含碳排放，是能源环境的长期受益者。国家在确定地区节能减排责任时，应充分考虑地区生产和消费隐含碳排放的差异，以体现责任分摊的公平性。

第4章
碳排放总量与强度影响因素分析

上一章系统考察了我国各地区的生产与消费隐含碳排放情况，发现不论从总量还是从强度上，我国地区之间的碳排放差异均较大。造成差异的原因是多方面的，比如经济发展、产业结构、资源禀赋等等。对这些影响因素进行全面分析，找出导致我国地区间碳排放差异的根本原因，然后对症下药，降低高能耗、高污染地区的碳排放，对于实现国家制定的节能减排目标至关重要。

本章将对碳排放影响因素进行系统分析。首先对碳排放总量及强度的各个影响因素进行分析，然后运用 LMDI 方法就关键因素的影响机制进行分解分析，为下一章模型的指标选取提供依据和启示。

4.1 碳排放总量的影响因素

4.1.1 经济增长

在影响我国碳排放总量的诸因素中，经济增长是最主要的。现阶段关于碳排放与经济增长之间关系的研究，主要集中在考察经济增长与碳排放是否遵循环境库兹涅茨曲线（EKC）假说上。该假说认为，在经济发展的初始阶段，CO_2 排放量随经济的增长而增加，当经济发展达到某个峰值水平后，CO_2 排放量将随着经济的发展而下降，即经济增长与环境污染之间存在着倒 U 型的关系。正如我们在第 1 章已了解到的那样，一些学者对我国二氧化碳排放与经济增长的关系进行了检验，多数结论认为我国 EKC 曲线不存在，而是呈现多种形态，只有在满足一定的条件下收入—污染路径的曲线形态才表现为倒 U 型（周国富、李时兴，2012）[①]。《斯特恩报告》也指出，一国碳排放的拐点不会自动出现，如果没有足够的政策干预，人均碳排放与人均收入之间的正向关系有可能长期持续[②]。因此，必须从影响碳排放的各种因素出发制定气候政策，尽可能地提前并降低环境库兹涅茨曲线拐点出现的峰值，从而在进入较高发展水平之后较早地实现减排目标。

改革开放后，我国经济快速发展，带动了煤炭、石油、天然气等化石能源的大量消耗，CO_2 排放迅速增加。受城市化、工业化的影响，未来一段时期内，我国 CO_2 排放总量仍将保持刚性增长态势。山东、江苏、广东、浙江等经济发展较快的沿海省份，CO_2 排放总量也较高，表明碳排放同经济增长呈正向关系。考察我国 CO_2 排放量与经济增长的变动关系发现（图 4.1），CO_2 与国内生产总值（GDP）增长速度的变化趋势大体相同，两者呈现较强的相关性，降低碳排放的增长，必然要以牺牲经济增长作为代价。不过，由于国内生产总值（GDP）比 CO_2 增长速度的波动幅度小，故降低碳排放应该不会对经济造成过大的损失。因此，中国现阶段必须通过政府力量控制碳排放增长。

---

① 周国富，李时兴：《偏好、技术与环境质量——环境库兹涅茨曲线的形成机制与实证检验》，载《南方经济》2012 年第 6 期。

② 尼古拉斯·斯特恩：《斯特恩报告》，2006 年 10 月。

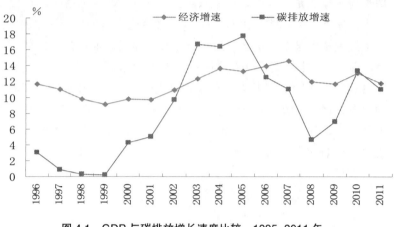

图 4.1　GDP 与碳排放增长速度比较：1995–2011 年

4.1.2　碳排放强度

众所周知，碳排放强度是影响碳排放总量的关键因素。早在 2009 年哥本哈根世界气候大会上，中国政府就对国际社会庄严承诺：到 2020 年单位国内生产总值（GDP）碳排放在 2005 年基础上降低 40%~45%。《中华人民共和国国民经济和社会发展第十二个五年规划纲要》也提出：到 2015 年，单位国内生产总值能源消耗比 2010 年降低 16%，单位国内生产总值二氧化碳排放比 2010 年降低 17%。可见，我国节能减排政策以控制能源消费强度和碳排放强度为主，这也是我国制定的以保障经济增长为前提的节能减排目标。

改革开放以来，我国碳排放强度总体呈现下降趋势，但与其他国家相比仍有较大差距。我国碳排放强度远高于世界发达国家，这主要是由我国以工业为主的产业结构导致的。计算发现，在我国各行业中，工业碳排放强度最高，几乎为农业的 20 倍，服务业的 30 倍。虽然改革以来工业碳排放强度降幅较为明显，但"十五"以来重化工业化水平的提高，使得工业碳排放强度出现一定幅度反弹，这也是近几年我国碳排放总量增速加快的主要原因。

从各省区来看，煤炭资源丰富的省份，尤其是山西省的碳排放强度较高。其能源消费结构以煤炭为主，碳排放量较高。而经济发达，生产技术先进的省份碳排放强度较低。在产业结构和能源消费结构调整困难的情况下，要实现全国减排目标，降低碳排放强度，关键是要依靠科技进步，激励自主研发和技术引进，促进可再生能源、新能源的开发及煤的清洁利用。

4.1.3　资源禀赋

资源禀赋决定了一个地区的能源消费结构，从而决定其碳排放总量。我国幅员辽阔，资源分布不均匀。资源匮乏地区常常为了节约能源运输成本，减少能源运输过程中的损耗，将高耗能产业转移到能源富裕地区，就近投资建厂。而资源富裕地区凭借其资源优势，向外提供大量能源初级产品，依靠增加资源要素的投入推动经济发展。20 世纪末的最后 20 年，许多能源资源开发、设备制造等企业集聚到西部资源富裕地区，形成了以煤、石油、天然气为主的能源型产业集群。但是这些产业由于缺乏统一规划，能源利用效率偏低，导致山西、内蒙古、陕西、新疆等资源富裕地区的碳排放持续增加。

进入 21 世纪以来，西部地区不断探索新的发展思路，产业集群化发展开始步入可持续发展轨道。但是，我们必须看到，西部地区产业发展还存在诸多问题，还不能完全适应承接东部产业转移的需要。因此，国家必须统筹安排、合理布局，立足资源富裕地区的承载能力，提供资金、技术等方面的支持，促进产业有序转移和健康发展。

4.1.4　其他因素

1. 工业化

改革开放后，工业作为中国的主要部门，其产值占国内生产总值（GDP）的 40%左右，但其每年消费的能源却占全国的 80%左右，排放的二氧化碳占全国的 90%左右。较高的能源消费强度及 CO_2 排放强度，使得工业部门不可避免地成为节能减排的首要对象。但是，目前中国已进入以重化工业快速发展为特征的工业化中期阶段（陈诗一，2010），其主要特征就是经济增长速度快，能源需求增长快，能源结构以煤为主。我国的工业化过程还将持续较长时间，这就决定了我国碳排放也将长期持续增长。

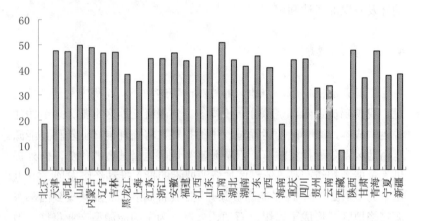

图 4.2　2012 年我国各地区工业产值占 GDP 比重（％）

由第 3 章各省区碳排放总量及图 4.2 可知，多数工业化水平较高的省份其碳排放总量也较高，如山西、河北、辽宁等省份。因此，要降低这些省份的碳排放总量，关键是要调整产业结构，降低工业产值比重。

2.城市化

城市化是经济发展过程中不可避免的一个阶段，且城市化与工业化同步推进。改革开放以来，中国城市化迅速发展，城镇人口比重已经从 1978 年的 17.92%上升到 2012 年的 52.57%。中国现阶段城市化进程虽然实现了较快发展，但却面临较为严重的资源与环境约束。大规模城市基础设施和住房建设需要大量的水泥与钢铁，带动了能源消费的快速且大幅上涨。同时，为应对就业，我国的产业结构要求以劳动密集型为主，生产相对低端、高能耗、高排放的产品。另外，由于生活方式、交通等多方面的差异，城市人均碳排放远高于乡村人均碳排放水平。因此，快速的城市化必然导致日益增长的能源消耗和碳排放，城市化与碳排放之间存在着紧密的逻辑关系。

根据第 3 章对生活碳排放的计算发现，除四个直辖市和海南、宁夏外，城市人口比重较高的省份其生活碳排放均较高。未来一段时期内，我国的城市化进程仍将快速发展，能源需求刚性且快速增长的趋势不会改变，碳排放仍将快速增长。虽然我们不能减缓城市化进程，但可以利用城市化进程，合理规划城市发展战略，通过政策引导来提倡低碳的城市生活方式，从而实现低碳发展。

3．经济开放度

一个地区的开放程度影响着其对外贸易规模，而对外贸易规模影响着其贸易隐含碳排放量。从全国来看，随着近些年出口贸易规模的扩大，我国能源消费不断增加，环境污染日趋严重，贸易对于碳排放的影响成为研究的焦点，引起国际社会的高度关注。上一章计算发现，我国进出口贸易隐含碳排量巨大。2002 年我国净出口隐含碳排放 4.84 亿吨，2007 年则达到 14.62 亿吨，年均增长 24.7%。出口隐含碳排放增加是我国碳排放总量增加的一个重要原因，我国为国际社会承担了巨大减排压力。

同时，国内省际间贸易越来越频繁。从我国省区间贸易隐含碳排放来看，河北、山西、山东、河南、内蒙古和辽宁等能源富裕省份与沿海发达省份之间存在大量碳排放转移，说明这些省份间产品贸易往来较多，经济较为开放。其中，产品调出或输出隐含碳排放较多的省份其碳排放总量也相应较高，为其他省份做出了能源与环境贡献。在不影响其对外贸易的前提下，今后这些省份应通过降低高耗能产品的输出来降低自身碳排放。

4．人口规模

人口规模也是影响各地区碳排放总量的一个因素。王锋等（2010）运用对数平均 Divisia 指数分解法，将 1995—2007 年间中国 CO_2 排放增长率分解为包括人口在内的 11 种驱动因素的加权贡献，结果发现，

中国 CO_2 排放量年平均增长 12.14%，其中来自人口规模的贡献为 1.28%，两者是正向的变动关系。人口规模较大的省份，往往其经济规模也较大，从而碳排放量较高。但是，我们认为，对于我国这样一个人口大国来说，我们没有必要也不可能通过控制人口来降低碳排放总量的增长。

4.2　碳排放强度的影响因素

碳排放强度是影响碳排放总量的关键因素，而碳排放强度又受诸多因素的影响。由于我国减排政策以控制碳排放强度为主，因此，本节将对碳排放强度的主要影响因素进行分析，希望能为我国制定减排政策提供参考。

4.2.1　产业结构

产业结构是影响碳排放强度的一个主要因素，产业结构不合理是导致我国碳排放强度下降缓慢的根本原因。产业的性质不同决定其能源消耗量不同，三次产业之间以及工业内部不同行业之间生产单位产值所需能源消耗差异较大。工业是三次产业中耗能最多的产业，其中重化工业能耗又远远高于轻工业，相应单位工业产值碳排放也要比其他行业大得多，工业碳排放强度为其他行业的 20 倍~30 倍。因此，一个国家或地区的碳排放强度，关键取决于其三次产业中第二产业所占比重或者重化工业比重的大小。只有工业产值比重的大幅下降，才能使得总体碳排放强度明显降低。

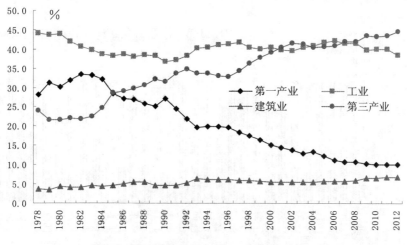

图 4.3　我国产业结构变动：1978–2012 年

　　改革以来，我国产业结构发生了较大变化，如图 4.3。随着经济的不断发展，农业在国民经济中的比重大幅下降，由 1978 年的 28.2% 降为 2012 年的 10.1%；第三产业比重上升较为显著，由 1978 年的 23.9% 上升为 2012 年的 44.6%；但是，过去 30 多年，我国工业产值比重降幅很小。较高的工业产值比重，决定着我国整体碳排放强度高于世界平均水平。

　　分省区来看，山西、内蒙古、河南、陕西、青海等省份第二产业比重较高（图 4.4），其碳排放强度也相应较高。而北京、上海、海南等地区则与之相反。由图可见，第二产业产值比重较高的省份多数为中西部地区，而东部沿海省份第三产业比重较高，这就决定了我国碳排放强度呈现西高东低的格局。

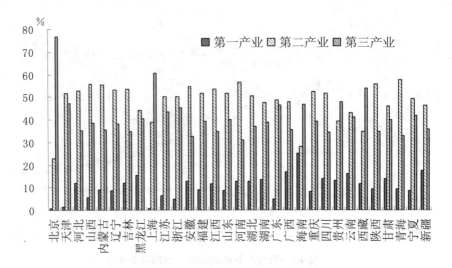

图 4.4 2012 年各省区三次产业结构

不少学者就产业结构对我国能源消费总量、能源消费强度、碳排放总量及强度的影响进行过分析，多数研究结论认为产业结构对上述变量有影响，但影响不大。如王锋等（2010）发现 1995—2007 年期间，产业结构变动对 CO_2 增长的推动作用很小，仅为 1.14%；郭朝先（2010）发现产业结构的变化对碳排放增长有影响作用，但作用相对较小，潜力还没有发挥出来；周国富等（2012）研究发现产业结构对能源消费影响力度不是很大。这主要是因为过去几十年，我国工业产值比重变化不大所致。因此，短期来看，由于我国以重化工业为主导的工业结构不会有显著变化，试图通过产业结构调整来降低碳排放强度还不是一个有效的政策选择。但长期来看，优化产业结构是中国未来节能减排的必经之路。

4.2.2 能源消费结构

能源消费结构与产业结构一样，都是经济结构的重要组成部分。

在各类能源中，化石能源的使用是造成温室气体排放的最主要原因，其次是生物质能，而新能源及可再生能源，包括太阳能、风能和水能的使用，碳排放量几乎为零。清洁能源在能源结构中所占的比例越高，单位能源消费带来的温室气体排放量就越小。如果一国或地区消耗的能源中，以化石能源为主，尤其以单位能源排放 CO_2 最多的煤炭为主，则该国或地区的碳排放强度也相应较高。因此，能源消费结构是碳排放强度的一个重要影响因素。

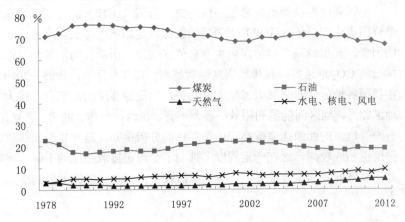

图 4.5　我国一次能源消费结构变动：1978–2012 年

　　我国煤炭储量丰富，占世界探明储量的 13%。"富煤、贫油、少气"是我国鲜明的能源结构特征，这就形成了我国以煤炭为主的能源消费结构。改革以来，我国能源消费结构未发生明显改变，见图 4.5。虽然煤炭比重稍有下降，但 2012 年我国煤炭消费仍占总能耗的 66.6%，石油次之，占 18.8%。从各地区来看，由资源禀赋决定的能源消费结构长期以来也没有发生明显改变。山西、河北、内蒙古等产煤大省的能源消耗长期以煤炭为主，其碳排放强度相应较高。

　　煤炭作为我国最安全、最可靠的能源，在短期内不会被其他能源所替代，以煤为主的能源消费结构很难改变。虽然有微小和短期的"低碳化"调整，但总体格局仍属"高碳化"。因此，目前通过调整能源消费结构来实现减排目标非常困难。但是，可以通过技术创新来解决我国能源环境的可持续发展问题。在保证主体能源的基础上，加大对主体能源的技术研发，降低化石能源的高碳量，促进煤炭的高效利用与洁净化，降低主体能源对环境的破坏，最大限度地实现节能减排。

4.2.3　能源强度

能源强度是能源消费总量与国内生产总值（GDP）的比值，表示单位国内生产总值（GDP）所消耗的能源，是影响碳排放强度最直接的因素。其值越高，单位国内生产总值（GDP）所消耗的能源越多，排出的 CO_2 也越多，碳排放强度也就越高。图 4.6 显示，1985—2010年我国各地区能源强度大多呈下降趋势，但能源强度的高低存在较大地区差异，地区间能源利用效率参差不齐。山西、吉林、贵州、宁夏、青海等地区的能源强度偏高，由第 3 章的分析得知，这些省份碳排放强度也相应较高。这在一定程度上抑制了全国碳排放强度的下降。因此，要降低我国碳排放强度，重点应放在中西部地区能源效率的提高上。

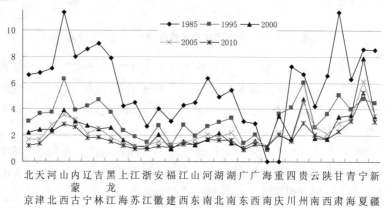

图 4.6　我国各地区能源强度变化趋势

4.2.4　其他因素

1．技术进步

由上一章的分析我们知道，我国碳排放强度之所以远远高于世界发达国家，除了结构方面的原因外，一个主要的原因就是我国科技水平低，生产设备落后，单位产值能耗较高。王锋等（2010）研究了1997—1999年中国工业部门能源强度变化，发现研发费用的大幅度提高所推动的技术进步和企业所有制结构的变化是中国工业部门能源强度下降的深层次原因，而能源强度的下降也意味着碳排放强度的下降。因此，技术进步是实现我国碳排放强度下降目标的重中之重。

改革开放以来，我国科研经费支出大幅增长，科技进步较快，带动了经济的飞速发展。东部沿海省份更是凭借国家的各项扶植政策和自身的地理优势，率先实现了经济的飞速发展。这些地区通过改革开放，大量引进外资及先进技术和管理经验，生产结构较内陆地区更加清洁化，相应碳排放强度也较内陆地区低得多。

要实现国家2020年碳排放强度下降目标，需要各地区的共同努力。由于具有先进生产技术，沿海发达地区很容易实现国家分配的减排目标，而内陆落后地区实现起来则困难重重。这就需要政府加大对中西部地区的科技投入和推广，努力提高煤炭利用效率、发展洁净煤技术，开展清洁生产工艺技术的示范和推广，提高能源利用效率，降低碳排放强度。

2．外贸依存度

改革开放以来，我国对外贸易飞速发展。到2008年，中国已经成为全球第二大贸易国。中西部地区作为我国的能源富裕区域，目前正处于承接东部产业转移、发展加工贸易的阶段。山西、河南、安徽、江西、湖北、湖南等省近年来经济发展迅速，国际国内贸易额稳步上升，外贸依存度显著提高。但由于其资源优势，贸易输出多为能源密集型产品，造成单位产值碳排放较高，环境污染问题日益严重，其资源消耗和环境保护问题在全国来说显得更加突出。

因此，中西部地区的资源禀赋不能再作为其扩大对外贸易的比较优势，不能仅依靠能源密集型产品的输出换取经济的高速增长，必须提高资源利用效率和环境保护意识，实现我国外贸的可持续发展。

3．环境政策

改革开放以来，伴随经济持续快速增长，我国能源供需矛盾日益突出，环境恶化，严重制约我国可持续发展和经济安全。因此，国家及时制定了各项节能减排方针政策。早在 20 世纪 80 年代初，国家就提出了"开发与节约并举，把节约放在首位"的发展方针；2006 年，中国政府发布《关于加强节能工作的决定》；2007 年，发布《节能减排综合性工作方案》，全面部署了工业、建筑、交通等重点领域节能工作，实施"十大节能工程"，开展"千家企业节能行动"；"十一五"期间提出全国单位国内生产总值（GDP）能耗下降20%的节能目标；2009 年，中国政府对外承诺，到 2020 年非化石能源占一次能源消费比重将达到 15%左右，单位国内生产总值二氧化碳排放比 2005年下降 40%~45%；2011 年，中国发布了《"十二五"节能减排综合性工作方案》，提出"十二五"期间要把降低能源强度、减少主要污染物排放总量、合理控制能源消费总量工作有机结合起来，形成"倒逼机制"；严格限定各省能源消费总量，以迫使地方政府调整产业结构，落实能源消费总量和能源强度双控要求[①]。

作为负责任的大国，中国为实现上述目标不懈努力，采取了一系列有效措施，取得了一定成效。"十一五"末，全国单位国内生产总值（GDP）能耗下降 19%，基本完成预期目标，碳排放强度也相应降低。可见，环境政策的制定，在很大程度上将影响碳排放强度。只有将全国碳排放强度目标分解到各地，地方政府才有动力采取切实有效的措施来实现减排目标。

[①]《中国的能源政策（2012）》白皮书。

4.3 碳排放关键影响因素的实证检验

前两节我们分析了经济总量、产业结构、能源消费结构、能源强度等各种因素对碳排放的影响和作用机理。那么，这些因素对我国碳排放总量的影响谁轻谁重？其贡献作用究竟有多大？就这一问题进行研究，将对我国减排政策具有重要指导意义。本节将使用 LMDI 方法对 1980—2011 年我国碳排放总量关键因素的影响效应进行分解分析，找出导致我国高排放的根本原因，以便对症下药。

4.3.1 碳排放影响因素分解方法介绍

因素分解分析法是一种确定各因素对研究对象影响大小的数量分析方法。作为一种研究事物的变化特征及其作用机理的分析框架，该方法在能源消费和碳排放中的应用越来越多。研究能源消费和碳排放常用的因素分解方法有两种：一种是指数分解法（Index Decomposition Analysis，简称 IDA），另一种是投入产出结构分解法（Structural Decomposition Analysis，简称 SDA）。

投入产出结构分解法以消耗系数矩阵为基础，利用投入产出比较静态技术，将产业之间的结构效应从能源消费或碳排放中分解出来，对国际贸易、最终需求等进行较为细致的分析。该方法有着很好的理论背景，其优势在于，可以获得非常详细的行业数据，揭示部门之间的完全联系，便于展开深入的微观分析。但是其局限性也非常突出，因为投入产出表每五年才编制一次，故只能用于跨期研究，而且只能进行加法分解（周国富等，2012）。

指数分解法源自 Laspeyres 指数，流行于 20 世纪七八十年代。该指数通过让一个影响因素发生变化，其他的影响因素分别保持其基期值不变，从而计算得到该因素的影响效果。该方法只需使用部门加总数据，特别适用于时间序列数据，既可用于跨期研究，也可用于连续分析，还可以进行跨区域比较。与投入产出结构分解法相比，其计算简便，数据易得，因而在 20 世纪七八十年代被广泛应用。代表性研究可见 Doblin（1988）和 Ang（1993）。随后，Boyd（1987）提出了算术平均 Divisia 指数分解法来代替 Laspeyres 指数分解法，并运用于美国的能耗分析。Liu 等（1992）进一步提出了适应性加权 Divisia 指数分解法，这类指数分解法在九十年代开始流行。代表性研究如 Greening 等（1998）、Liu（2006）、Fan 等（2007）等。

但这几种指数分解方法仍存在两个缺陷，即分解残差项的存在和零值无法计算问题。为此，Ang 等（1997,2001,2003）提出了一个修正的分别基于乘法和加法的对数均值 Divisia 指数分解法（Logarithmic Mean Divisia Index, LMDI）。该方法解决了前述方法的缺陷，且具有良好的理论性质和极强的可操作性，因而倍受青睐。Ang 和 Zhang（2000）曾对 1999 年前的 124 篇利用分解技术进行分析研究的文献进行调查，发现其中有 109 篇运用了指数分解方法，只有 15 篇运用投入产出分解方法，可见 IDA 方法在分解技术中所占的统治地位。

近年来，一些学者开始尝试利用 LMDI 指数分解法研究我国的能源与环境问题，但是这些文献对能源与环境问题的分析多数是基于行业分解，较少从地区层面考虑问题，而且所覆盖的行业和能源种类也不够全面，涉及的影响因素也较少，从而所得结论不尽一致（周国富等，2012）。鉴于 LMDI 分解法的诸多优点，本节将以其为基本研究方法。考虑到现有研究之不足，本节试图从行业和地区两个层面对我国碳排放总量的影响因素进行分解分析。同时，本节力图在以下方面补充与扩展已有研究：按行业分解时，将工业单列，重点分析工业出口贸易依存度对碳排放总量的影响，以突出行业差异；使用能源年鉴中给出的所有能源品种、增加影响变量、扩展考察时期，以提供对我国碳排放总量变化趋势及影响因素的全面认识。

4.3.2 LMDI 方法与数据选择

1. LMDI 分解方法

LMDI 分解方法有加法与乘法两种形式，本研究采用常用的乘法形式。

（1）行业层面分解

有关二氧化碳排放的分解式很多，本研究采用下述恒等式对我国二氧化碳变化趋势进行分解分析：

$$C = \sum_i \sum_j C_{ij} = \sum_{i=1}^{5} \sum_{j=1}^{9} \frac{C_{ij}}{E_{ij}} \frac{E_{ij}}{E_i} \frac{E_i}{Y_i} \frac{Y_i}{Y} Y \\ + \sum_{i=6} \sum_{j=1}^{9} \frac{C_{ij}}{E_{ij}} \frac{E_{ij}}{E_i} \frac{E_i}{X_i} \frac{X_i}{Y_i} \frac{Y_i}{Y} Y \tag{4.1}$$

上式可表示为：

$$C = \sum_{i=1}^{5} \sum_{j=1}^{9} CI_{ij} \cdot ES_{ij} \cdot EI_i \cdot YS_i \cdot Y \\ + \sum_{i=6} \sum_{j=1}^{9} CI_{ij} \cdot ES_{ij} \cdot EX_i \cdot XY_i \cdot YS_i \cdot Y \tag{4.2}$$

其中，C 代表二氧化碳排放总量，下标 i 代表行业（i=1, 2, ……6，依次代表农业、建筑业、交通运输仓储和邮政业、批发零售和住宿餐饮业、其他行业、工业），下标 j 代表能源种类（j=1, 2,……9，分别为煤炭、焦炭、原油、汽油、煤油、柴油、燃料油、天然气和其他能源。由于电力消费并不直接产生二氧化碳，属于二次能源，因此本研究没有把电力归入能源种类）。C_{ij} 代表 i 行业消耗 j 种能源时所排放的 CO_2，E_{ij} 代表 i 行业消耗的 j 种能源，E_i 代表 i 行业的能源消耗总量，Y 代表国内生产总值（GDP），Y_i 代表 i 行业增加值，X_i 代表工业制成品出口总额。$CI_{ij} = C_{ij}/E_{ij}$ 代表第 j 种能源消费的碳排放强度，$ES_{ij} = E_{ij}/E_i$ 代表能源消费结构，$EI_i = E_i/Y_i$ 代表非工业能源强度，$YS_i = Y_i/Y$ 代表产业结构，$EX_i = E_i/X_i$ 代表工业单位出口能耗；$XY_i = X_i/Y_i$ 代表工业出口贸易依存度。显然，EX_i 与 XY_i 的乘积为工业能源强度。

式（4.2）两边对时间 t 求导数，即得 CO_2 的增长率：

$$\frac{dC}{dt} = (\sum_{i=1}^{5}\sum_{j=1}^{9}\frac{dCI_{ij}}{dt}\cdot ES_{ij}\cdot EI_i \cdot YS_i \cdot Y$$

$$+\sum_{i=1}^{5}\sum_{j=1}^{9}CI_{ij}\cdot \frac{dES_{ij}}{dt}\cdot EI_i \cdot YS_i \cdot Y$$

$$+\cdots+\sum_{i=1}^{5}\sum_{j=1}^{9}CI_{ij}\cdot ES_{ij}\cdot EI_i \cdot YS_i \cdot \frac{dY}{dt})$$

$$+(\sum_{i=6}^{9}\sum_{j=1}^{9}\frac{dCI_{ij}}{dt}\cdot ES_{ij}\cdot EX_i \cdot XY_i \cdot YS_i \cdot Y \qquad (4.3)$$

$$+\sum_{i=6}^{9}\sum_{j=1}^{9}CI_{ij}\cdot \frac{dES_{ij}}{dt}\cdot EX_i \cdot XY_i \cdot YS_i \cdot Y +\cdots$$

$$+\sum_{i=6}^{9}\sum_{j=1}^{9}CI_{ij}\cdot ES_{ij}\cdot EX_i \cdot XY_i \cdot YS_i \cdot \frac{dY}{dt})$$

再将式（4.3）两边同时除以 C，得：

$$\frac{1}{C}\frac{dC}{dt} = (\sum_{i=1}^{5}\sum_{j=1}^{9}\frac{1}{CI_{ij}}\frac{dCI_{ij}}{dt}\frac{CI_{ij}}{C}\cdot ES_{ij}\cdot EI_i \cdot YS_i \cdot Y +\cdots$$

$$+\sum_{i=1}^{5}\sum_{j=1}^{9}CI_{ij}\cdot ES_{ij}\cdot EI_i \cdot YS_i \cdot \frac{1}{Y}\frac{dY}{dt}\frac{Y}{C})$$

$$+(\sum_{i=6}^{9}\sum_{j=1}^{9}\frac{1}{CI_{ij}}\frac{dCI_{ij}}{dt}\frac{CI_{ij}}{C}\cdot ES_{ij}\cdot EX_i \cdot XY_i \cdot YS_i \cdot Y +\cdots \qquad (4.4)$$

$$+\sum_{i=6}^{9}\sum_{j=1}^{9}CI_{ij}\cdot ES_{ij}\cdot EX_i \cdot XY_i \cdot YS_i \cdot \frac{1}{Y}\frac{dY}{dt}\frac{Y}{C})$$

对式(4.4)进行 0 到 T 时刻的积分，并定义权重函数 $W_{ij}(t) = C_{ij}/C$，

可得：

$$\int_0^T \frac{d\ln C}{dt} dt = \sum_{i=1}^5 \sum_{j=1}^9 \int_0^T W_{ij} (\frac{d\ln CI_{ij}}{dt} + \frac{d\ln ES_{ij}}{dt} +$$

$$\frac{d\ln EI_i}{dt} + \frac{d\ln YS_i}{dt} + \frac{d\ln Y}{dt}) dt \qquad (4.5)$$

$$+\sum_{i=6}^9 \sum_{j=1}^9 \int_0^T W_{ij} (\frac{d\ln CI_{ij}}{dt} + \frac{d\ln ES_{ij}}{dt} + \frac{d\ln EX_i}{dt} +$$

$$\frac{d\ln XY_i}{dt} + \frac{d\ln YS_i}{dt} + \frac{d\ln Y}{dt}) dt$$

根据定积分中值定理，式（4.5）可改写为：

$$\frac{C_T}{C_0} = \exp[\sum_{i=1}^6 \sum_{j=1}^9 W_{ij}(t^*) \ln(\frac{CI_{ij,T}}{CI_{ij,0}})] \times \exp[\sum_{i=1}^6 \sum_{j=1}^9 W_{ij}(t^*) \ln(\frac{ES_{ij,T}}{ES_{ij,0}})]$$

$$\times \exp[\sum_{i=1}^5 \sum_{j=1}^9 W_{ij}(t^*) \ln(\frac{EI_{i,T}}{EI_{i,0}})] \times \exp[\sum_{i=1}^6 \sum_{j=1}^9 W_{ij}(t^*) \ln(\frac{YS_{i,T}}{YS_{i,0}})] \qquad (4.6)$$

$$\times \exp[\sum_{i=1}^6 \sum_{j=1}^9 W_{ij}(t^*) \ln(\frac{Y_T}{Y_0})] \times \exp[\sum_{i=6}^9 \sum_{j=1}^9 W_{ij}(t^*) \ln(\frac{EX_{i,T}}{EX_{i,0}})]$$

$$\times \exp[\sum_{i=6}^9 \sum_{j=1}^9 W_{ij}(t^*) \ln(\frac{XY_{i,T}}{XY_{i,0}})]$$

式（4.6）中 $W_{ij}(t^*)$ 是上面定义的 $W_{ij}(t) = C_{ij}/C$ 在时刻 t^* 时的函数

值，$t^* \in (0,T)$。$W_{ij}(t^*)$ 的计算运用 Ang 和 Choi(1997)提出的对数平均

函数，定义对称的对数平均函数为：

$$L(a,b) = \begin{cases} \dfrac{a-b}{\ln a - \ln b} & a \neq b \\ a & a = b \end{cases} \qquad (4.7)$$

根据上述定义，令权重函数 $W_{ij} = \dfrac{L(C_{ij}^t, C_{ij}^{t-1})}{L(C^t, C^{t-1})}$，将式（4.6）改写为

指数形式：

$$I_C = I_{CI} \cdot I_{ES} \cdot I_{EI} \cdot I_{YS} \cdot I_Y \cdot I_{EX} \cdot I_{XY} \qquad (4.8)$$

其中，$I_{CI}=\exp[\sum_{i=1}^{6}\sum_{j=1}^{9}W_{ij}(t^*)\ln(\dfrac{CI_{ij,T}}{CI_{ij,0}})]$，

$I_{ES}=\exp[\sum_{i=1}^{6}\sum_{j=1}^{9}W_{ij}(t^*)\ln(\dfrac{ES_{ij,T}}{ES_{ij,0}})]$，

$I_{EI}=\exp[\sum_{i=1}^{5}\sum_{j=1}^{9}W_{ij}(t^*)\ln(\dfrac{EI_{i,T}}{EI_{i,0}})]$，$I_{YS}=\exp[\sum_{i=1}^{6}\sum_{j=1}^{9}W_{ij}(t^*)\ln(\dfrac{YS_{i,T}}{YS_{i,0}})]$，

$I_{Y}=\exp[\sum_{i=1}^{6}\sum_{j=1}^{9}W_{ij}(t^*)\ln(\dfrac{Y_{T}}{Y_{0}})]$，$I_{EX}=\exp[\sum_{i=6}^{9}\sum_{j=1}^{9}W_{ij}(t^*)\ln(\dfrac{EX_{i,T}}{EX_{i,0}})]$，

$I_{XY}=\exp[\sum_{i=6}^{9}\sum_{j=1}^{9}W_{ij}(t^*)\ln(\dfrac{XY_{i,T}}{XY_{i,0}})]$。

式（4.8）的含义是，CO_2 排放总量指数 I_C 等于能源消费碳排放强度指数 I_{CI}、能源结构指数 I_{ES}、非工业能源强度指数 I_{EI}、产业结构指数 I_{YS}、国内生产总值（GDP）指数 I_Y、工业单位出口能耗指数 I_{EX} 和工业出口贸易依存度指数 I_{XY} 的乘积。

（2）地区层面分解

$$C=\sum_{k}\sum_{j}C_{kj}=\sum_{k=1}^{30}\sum_{j=1}^{9}\dfrac{C_{kj}}{E_{kj}}\dfrac{E_{kj}}{E_k}\dfrac{E_k}{Y_k}\dfrac{Y_k}{Y}Y$$
$$=\sum_{k=1}^{30}\sum_{j=1}^{9}CI_{kj}\cdot ES_{kj}\cdot EI_k\cdot YS_k\cdot Y \tag{4.9}$$

其中，k 代表地区（k=1, 2,……30，分别代表西藏以外的 30 个省区），C_{kj} 代表 k 地区消费 j 种能源时所排放的 CO_2，E_{kj} 代表 k 地区消耗的 j 种能源数量，E_k 代表 k 地区能源消耗总量，Y_k 代表 k 地区生产总值，$YS_k=Y_k/Y$ 代表地区生产总值比重，Y 为 30 个地区生产总值之和。

按前述方法将式（4.9）改写为指数形式为：

$$I_C=I_{CI}\cdot I_{ES}\cdot I_{EI}\cdot I_{YS}\cdot I_Y \tag{4.10}$$

需要说明的是，式（4.8）和式（4.10）中 I_{CI} 等于 1，即能源消费碳排放强度对 CO_2 增长的贡献为 0。这是因为 CI_{ij} 实际上等于计算 CO_2 排放时的二氧化碳排放因子，由于上一章我们假定每一种燃料都是充

分燃烧的，故其二氧化碳排放因子在各时期是固定不变的。实际上如果燃料不是充分燃烧，二氧化碳排放因子是会发生变化的。但这涉及到燃料燃烧技术的变化，对其测定困难，且属于微观因素变化，而本研究研究的是宏观因素变化，故对 CI_{ij} 的变化忽略不计。

2. 数据说明

（1）能源及碳排放数据。各种能源消费基础数据的来源与上一章保持一致，克服了多数研究采用终端能耗造成碳排放低估的缺陷。鉴于数据可得性，行业层面分解时，选用 1980—2011 年的能源数据；地区层面分解时，选用 1985—2011 年的能源数据[①]。行业层面的能耗总量不包括生活能耗，而地区层面的能耗总量则包括。另外，对于个别年份个别能源的 0 值，赋予一个很小的值（10 的负 10 次方）处理，对结果的影响微乎其微。

（2）其他数据。包括 GDP、各行业增加值和工业制成品出口总额等基础数据，主要取自《中国统计年鉴》《中国国内生产总值核算历史资料：1952—2004》和《新中国 60 年统计资料汇编》。其中，国内生产总值（GDP）和行业增加值数据，均以 1990 年价格表示。工业制成品出口总额，根据年均汇率折算为人民币，并按国内生产总值（GDP）缩减指数调整为 1990 年价格表示。

4.3.3 LMDI 分解结果分析

1. 行业层面分解

根据式（4.6）和式（4.7），从行业层面对我国 CO_2 排放总量进行因素分解，结果见表 4.1 和图 4.7。

---

① 官方统计资料仅编制和公布了 1985 年及 1995 年以后的"地区能源平衡表"，所以地区层面分解时，第一阶段为 1985—1995 年。1985 年没有海南数据，重庆 1996 年以前的数据包括在四川省内，故 1985—1995 年分解时不包括海南和重庆。1995—2000 年分解时不包括重庆。

表 4.1　我国行业 CO_2 排放总量及影响因素增长率　　单位：%

年份	CO_2 (1)	CI (2)	ES (3)	EI (4)	YS (5)	Y (6)	EX (7)	XY (8)	工业能源强度 (9)
1980—1985	22.40	0	−0.27	−4.91	−3.29	66.20	−46.49	44.86	−22.49
1985—1990	47.97	0	2.30	−1.84	6.47	43.93	−58.97	142.56	−0.47
1990—1995	41.16	0	−0.82	−2.02	21.19	77.05	−50.88	28.07	−37.10
1995—2000	27.98	0	−2.52	−0.36	6.42	47.87	−17.64	7.28	−11.65
2000—2005	65.84	0	1.36	0.51	4.10	59.22	−35.87	53.26	−1.71
2005—2011	27.86	0	0.62	−1.07	0.89	67.08	−7.60	−14.61	−21.06
1980—2011	593.80	0	1.83	−6.95	39.71	1519.98	−95.01	555.91	−67.29

注：表中第（4）列能源强度 EI 不包括工业，工业能源强度根据第（7）和（8）列计算，并在第（9）列给出。

　　表 4.1 显示，1980—2011 年我国 CO_2 排放总量累计增长 593.80%。国内生产总值（GDP）及工业出口外贸依存度是导致我国 CO_2 排放总量增加的两大正向影响因素，两个指标分别增长 1519.98%和 555.91%；其余正向影响因素按增长率大小依次为：产业结构指数增长 39.71%，能源结构指数增长 1.83%。最大负向影响因素为工业单位出口能耗，累计下降 95.01%；其余负向影响因素为非工业能源强度，下降 6.95%。工业能源强度累计下降 67.29%，远远超过其余行业。由图 4.7 可见，国内生产总值（GDP）、工业单位出口能耗和工业出口外贸依存度三个因素对各时期碳排放增长的贡献均远超过其余因素，成为我国 CO_2 排放增长的三大影响因素。下面就各阶段、各因素分别进行分析。

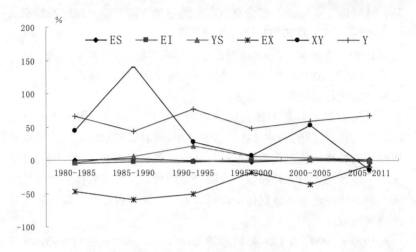

图 4.7　我国行业 CO_2 排放总量影响因素增长率

（1）各阶段的分析。从各阶段来看，1980—1985 年，我国 CO_2 排放总量上升 22.4%，增幅不算太大，主要是因为 1980 年政府为应对能源短缺制定了能源节约政策。在各影响因素中，变动幅度最大的是国内生产总值（GDP），增幅为 66.20%。因此，这一时期经济的飞速发展，是碳排放增长的最大正向驱动因素；其次是工业出口外贸依存度，增幅为 44.86%；碳排放增长最大的负向驱动因素是工业单位出口能耗，降幅为 46.49%；由工业出口外贸依存度和工业单位出口能耗两个指数得到工业能源强度指数，其降幅为 22.49%，远高于非工业能源强度 4.91%的降幅。

1985—1990 年，CO_2 排放总量较上一时期增长迅速，增幅为 47.97%。国内生产总值（GDP）对碳排放的影响退居第二，工业出口贸易依存度变为主导因素，增幅为 142.56%。这是由于此阶段工业制成品出口以年均 34.17%的速度增长，远高于上一阶段的 19.92%，极大地拉动了能源消费及碳排放的增长。此外，20 世纪 80 年代，以小煤矿为代表的能源密集型工业企业快速发展，这虽然缓解了 80 年代初期能源短缺的局面，但也造成了资源的过度开发和环境的严重污染，致使此阶段工业能源强度仅有 0.47%的小幅下降，因此政府不得不从 80 年代末开始对煤炭市场进行整顿治理。

1990—1995 年，CO_2 排放总量上升 41.16%，增幅略有下降。这得益于 20 世纪 90 年代初全球可持续发展概念的提出，使得我国也建立起环保意识，对能源生产从 80 年代的鼓励改变为 90 年代后的限制生产。此阶段经济体制的转变极大地刺激了经济发展，国内生产总值（GDP）对碳排放的影响又居于首位，增幅高达 77.05%。而此时期我国经济增长模式仍然是粗放型的，过度投资在促进经济增长的同时，带动了能源的大量消耗和碳排放的快速增长。可见，碳排放增长是经济发展的伴生结果和客观代价，只有审慎权衡减排与经济发展的关系才能实现双赢。

1995—2000 年，CO_2 排放总量上升 27.98%，增幅继续下降，这与当时抓大放小的国企改革、国家关停并转了 10 多万家能源和排放密集型中小企业有密切关系。同时，受 1998 年亚洲金融危机的影响，经济增速减缓。国内生产总值（GDP）增幅由上一阶段的 77.05%降为 47.87%，但其仍是碳排放增长的第一驱动因素。不利的国际形势，使得我国出口受到很大限制，此阶段工业出口贸易依存度仅增长 7.28%，对碳排放的影响大大减弱。

2000—2005 年，CO_2 排放总量又呈现快速增长趋势，增幅为 65.84%。源于 2002 年后扩大内需的宏观经济政策，我国再次出现重化工业化倾向，导致诸如水泥、生铁等高耗能高排放行业生产的过度扩张。此阶段工业能源强度仅下降 1.71%，非工业能源强度反而出现 0.51%的上扬。在经历了亚洲金融危机之后，得益于加入世贸组织，2003 年我国出口迅速增加，工业出口贸易依存度增长 53.26%；国内生产总值（GDP）和工业出口贸易依存度涨幅基本相同，两者是此时期拉动 CO_2 增长的两大正向影响因素。

2005—2011 年，CO_2 排放总量增幅大为减缓，仅增长 27.86%。这与国家"十一五"规划提出能源强度降低 20%和主要污染物排放总量减少 10%的节能减排约束性指标以及 2007 年出台的"中国应对气候变化国家方案"等政策和措施有直接关系。"十一五"末，基本实现能

94

源强度目标,工业能源强度下降 21.06%,非工业能源强度下降 1.07%。各影响因素中,国内生产总值（GDP）增长 67.08%,仍居于首位;工业出口贸易依存度首次出现下滑,降幅为 14.61%,主要是受金融危机的影响,同时政府出台了多项改善出口结构的政策措施,其中包括降低高耗能产品出口退税率和对某些产品加征关税等,对节能减排起到了很好作用。

（2）各影响因素的分析。首先来看能源结构。在能源消费中,煤炭比重的上升在一定程度上会促使 CO_2 排放的增加。1985—1990 年以小煤矿为代表的能源密集型企业的快速发展、2000 年后的重化工业化,使得这两个时期能源结构对碳排放的影响为正,即这两个时期煤炭比重的上升促进了碳排放的增加。其余时期能源结构与碳排放为负向关系。总体来看,我国能源结构在各个时期变动很小,对 CO_2 的影响微乎其微,这与现有多数研究结论基本一致。且由图 4.5 也可看出,1980—2012 年我国一次能源消费中煤炭比例仅由 72.2%微降为 66.6%。可见,中国以煤为主的能源禀赋,造成以煤为主的能源消费结构很难改变,只能将煤炭比重的下降作为长期减排目标。

能源强度是抑制碳排放增加的一个关键因素。我国各行业能源强度[1]差异明显,工业能源强度最高,其次是交通运输业,如图 4.8 所示。1980 年以来,各行业能源强度大体呈下降趋势。其中,非工业能源强度降幅很小,1980—1985 年降幅最大,为 4.91%,对碳排放影响不大。多数时期工业能源强度降幅明显,对 CO_2 排放影响显著,只有 1985—1990 年及 2000—2005 年例外。虽然我国能源强度较改革初期已经有了显著下降,但从绝对值来看,仍远高于世界平均水平。2007 年,我国每万元 GDP 能耗为 1.16 吨标准煤（按 2005 年可比价格计算）,比世界平均水平高 2.2 倍左右,比美国、欧盟、日本分别高 2.4 倍、4.6 倍、8 倍（周国富,2012）。而据中国工程院院士、原能源部副部长陆佑楣在 2013 年能源峰会暨第五届中国能源企业高层论坛上透露,"2012 年我国一次能源消费量 36.2 亿吨标煤,消耗全世界 20%的能源,

---

[1] 各行业增加值采用 1990 年价格。

单位 GDP 能耗是世界平均水平的 2.5 倍，美国的 3.3 倍，日本的 7 倍，同时高于巴西、墨西哥等发展中国家。中国每消耗 1 吨标煤的能源仅创造 14000 元人民币的 GDP，而全球平均水平是消耗 1 吨标煤创造 25000 元 GDP，美国的水平是 31000 元 GDP，日本是 50000 元 GDP"[①]。这意味着我国能源强度还有很大的下降空间。鉴于能源强度下降对抑制我国 CO_2 总量上升具有关键影响，在能源结构调整困难的情况下，应将能源强度作为重要的监控目标。

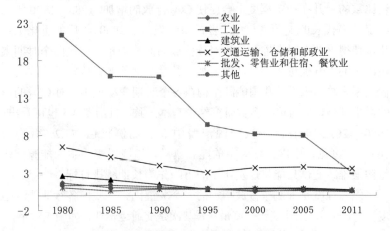

图 4.8　我国各行业能源强度变化趋势

　　产业结构对碳排放的影响表现为：工业比重的下降，会减少能源消耗及 CO_2 排放。考察期内，产业结构仅在 1980—1985 年对 CO_2 排放上升起轻微抑制作用，其余时期均促进 CO_2 排放增加。尤其在 1990—1995 年，产业结构指数上升 21.19%，此阶段工业产值比重由 37% 上升为 46%，很大程度上促进了 CO_2 排放的上升。但总体来看，产业结构对 CO_2 排放影响力度不是很大，这与王锋等（2010）、郭朝先（2010）的研究结论基本一致。由于我国重化工业主导的工业结构短期内难以根本改变，只能将产业结构调整作为长期减排手段，逐步降低工业在经济中的比重，大力发展第三产业。

---

① 见 2013 年 11 月 30 日的《21 世纪经济报道》。

国内生产总值（GDP）反映一个国家的经济总量。改革以来，我国经济取得了突飞猛进的发展，同时带动了能源的大量消耗和 CO_2 排放的迅速增加。从分解结果来看，除 1985—1990 年外，国内生产总值（GDP）是 CO_2 排放增加的最大正向影响因素，CO_2 排放量的增长是经济发展的伴随结果。如果要大幅削减 CO_2 排放，势必影响经济发展，因此，在发展低碳经济的过程中，必须权衡好减排与发展的关系。

工业单位出口能耗是 CO_2 排放增长的主要负向影响因素。由于工业能源消费总量的增加低于工业制成品出口的增长，使得工业单位出口能耗呈下降趋势，很大程度上抑制了 CO_2 排放的增加。但 1990 年以后其影响呈弱化趋势，特别是 2005—2011 年，该指标仅下降 7.60%。

工业出口贸易依存度对碳排放影响显著，尤其是 1985—1990 年上升 142.56%，极大地促进了 CO_2 排放的增长。但 2005—2011 年该指标出现下降，对减排起到了较好作用。我们应该以此为契机，遏制出口拉动的碳排放增长。

2．地区层面分解

根据式（4.9），从地区层面对我国 CO_2 排放总量进行因素分解，结果见表 4.2 和图 4.9。各阶段 CO_2 排放总量增长速度与行业分解的结果不尽相同，原因有二：一是行业分解时，不包括生活能耗，而地区分解时则包括。二是行业层面的数据由国家统计局负责统计，而地区层面的数据由地方统计部门负责统计，地方汇总数据一般不同于全国数据。不过，这种差异不会影响本研究的分析结论[①]。

表 4.2　我国地区 CO_2 排放总量及影响因素增长率　　单位：%

年份	CO_2 (1)	CI (2)	ES (3)	EI (4)	YS (5)	Y (6)
1985—1995	90.40	0	10.02	−31.54	−6.74	175.57
1995—2000	9.21	0	−3.21	−31.37	−0.93	61.75
2000—2005	80.06	0	0.31	3.50	−0.05	75.05
2005—2011	56.62	0	−2.38	−13.74	−0.12	84.15
1985—2011	486.41	0	6.79	−56.79	−5.95	1210.51

① 见周国富，赵慧卿：《能源消费影响因素分析——基于行业与地区分解之方法》，载《现代财经》，2012 年第 10 期。

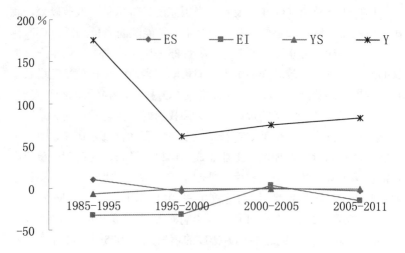

图 4.9　我国地区 CO_2 排放总量影响因素增长率

1985—2011 年我国 CO_2 排放总量累计增长 486.41%。国内生产总值（GDP）和能源强度是导致我国 CO_2 排放总量增加的两大影响因素，但方向相反，两个指标分别增长 1210.51% 和 −56.79%；此外，能源结构指数增长 6.79%，地区产值结构下降 5.95%。下面就各阶段、各因素分别进行分析。

（1）各阶段的分析。分阶段来看，1985—1995 年，我国 CO_2 排放增长 90.40%，主要来源于经济增长的拉动（GDP 增长 175.57%）。此外，能源结构的恶化也在一定程度上促进了此阶段 CO_2 排放的增长；1995—2000 年，CO_2 排放仅增长 9.21%，主要受此阶段经济增速减缓的制约。此阶段能源结构指数下降 3.21%，出现了有利于减排的局面；2000—2005 年，CO_2 排放增速加快，累计增长 80.06%，是增速最快的一段时期。一是由于此时期经济增速加快，二是由于重化工业化的再度出现，导致能源强度及能源结构不降反升，未起到减排效果；2005 —2011 年，CO_2 排放增速减缓到 56.62%。经济依然保持刚性增长，但能源强度和能源结构的下降在一定程度上抑制了碳排放的上升。

由上面分析可见，各阶段碳排放增长速度虽然与行业分解不同，但其变动趋势基本一致。

（2）各影响因素的分析。分因素来看，各阶段国内生产总值（GDP）的变动幅度均高于其他因素，是碳排放增长的第一驱动因素；能源结构变动对碳排放贡献很小，在各阶段方向不尽一致；地区产值结构对CO_2排放增加起到了一定抑制作用，但并不显著。

下面重点来看能源强度。能源强度的表示方法与行业分解不同。在地区分解中，能源强度的计算为各地区能耗总量（包括生活用能）除以地区生产总值，而行业分解时不包括生活能耗，且将工业和非工业进行了区分。因此，此处的 EI（地区能源强度）不同于表 4.1 中的 EI（非工业能源强度）。除 2000—2005 年能源强度上升外，其余时期能源强度均有较大幅度下降，很大程度上抑制了我国 CO_2 排放的增加。可见，降低能源强度是我国未来一段时期内控制 CO_2 排放增速的有效手段。图 4.6 描绘了我国各地区能源强度的变化趋势，中西部地区能源强度高于东部的事实，说明能源强度的降低重点应放在中西部地区。

4.4　简要总结

驱动 CO_2 排放量增长的因素涉及经济增长、经济结构、能源禀赋、工业化等诸多方面，减少 CO_2 排放将是一项艰巨的、复杂的系统工程。本章分析了碳排放总量及强度的影响因素，得到如下结论和认识：

1. 碳排放总量的影响因素。经济增长对 CO_2 排放增长的贡献有目共睹。改革开放以来，我国经济的飞速发展，带动了 CO_2 排放的迅速增加，我国已经成为世界上第一大排放国。在国内，经济发展较快的山东、江苏、广东、浙江等省 CO_2 排放总量较高。碳排放强度是影响碳排放总量的关键因素，被社会各界广泛关注。虽然我国碳排放强度较改革初期已经有了较大幅度下降，但仍远高于世界发达国家，因此，我国将减排目标放在碳排放强度这一指标上。从行业来看，工业碳排放强度最高。从地区来看，山西等煤炭资源丰富的省份碳排放强度较高。因此，实现全国碳排放强度目标，要关注行业和地区的各方面差异。一个地区的资源禀赋影响其能源消费及碳排放。我国中西部地区由于资源丰富、要素成本低，吸引着东部地区高耗能产业的持续转移。可是，中西部地区在把资源优势转化为经济优势的同时，付出了沉重的环境代价。虽然西部地区不断探索新的发展思路，但其产业发展仍存在诸多问题，产业趋同、项目重复等问题比较普遍。今后一段时期，应大力推进中西部地区资源开发与转化，发展资源精深加工产业，加快企业兼并重组、淘汰落后产能。大力发展技术水平先进的能源下游产业和生产服务业，积极发展电子信息、生物、新能源等战略性新兴产业。

除上述三大因素外，工业化也是碳排放的影响因素。我国碳排放中，大约有90%来自于工业。目前我国正处于以重化工业为特征的工业化中期阶段，工业化过程还需要较长时间。因此，工业部门应成为节能减排的首要对象。城市化与工业化同步，是经济发展中不可避免的一个阶段。改革开放以来，我国城市化迅速发展，大规模城市基础设施和住房建设，带动了能源消费及碳排放的快速且大幅上涨。未来一段时期，我国的城市化进程仍将继续。政府应当通过政策引导来提倡低碳的城市生活方式，合理规划城市发展战略，从而实现低碳发展。经济开放度也在一定程度上影响着碳排放的增长。近年来，我国进出口贸易规模不断扩大，贸易隐含碳排放急剧增加，"碳泄漏"问题越来越严重。同时，随着我国省区开放度的提高，省际间贸易隐含碳排放数量不断增加。因此，在分配减排责任时，必须充分考虑地区间碳排放的转移。

2. 碳排放强度的影响因素。产业结构不合理是导致我国碳排放强度下降缓慢的根本原因。工业是三次产业中耗能最多的产业，其碳排放强度大概为其他行业的 20 倍—30 倍。只有工业产值比重的大幅下降，才能从根本上改善我国碳排放强度。遗憾的是，近二三十年，我国工业产值比重变化不大，对 CO_2 的抑制作用较小。能源消费结构是碳排放强度的一个重要影响因素。我国以煤炭为主的能源消费结构，决定了我国较高的碳排放强度。不过，由于我国能源消费结构短期内很难改变，现阶段只能通过加大对主体能源的技术研发，降低化石能

100

源的高碳量，促进煤炭的高效利用与洁净化，最大限度地实现节能减排。能源强度与碳排放强度息息相关，两者呈较强的正向关系。改革开放以来，我国各地区能源强度大多呈下降趋势，中西部地区的能源强度远高于东部地区，这和各地区的能源禀赋有直接关系。因此，国家在制定节能减排目标时，要考虑西部地区的实际情况，处理好其资源、环境与经济增长的关系。

此外，技术进步是实现我国碳排放强度下降目标的重中之重。东部地区凭借其先进技术和管理经验，生产结构较为清洁，相应碳排放强度较内陆地区低很多。因此，国家应加大对中西部地区的科技投入和推广，提高能源利用效率，降低碳排放强度。外贸依存度也在很大程度上影响着一个地区的碳排放强度，中西部地区目前的贸易输出多为能源密集型产品，碳排放强度较高。如果这种贸易模式不加以改变，则中西部地区的碳排放强度下降将受到很大阻碍。环境政策的制定也是碳排放强度变化的一个关键因素。改革以来，我国制定了一系列节能减排政策，取得了一定成效。但要实现我国 2020 年碳排放强度目标，还需各方的不懈努力。

3．运用 LMDI 方法对我国碳排放总量的关键影响因素进行了分解分析，发现不论是行业层面还是地区层面分解，国内生产总值（GDP）都是我国 CO_2 排放总量增加的最大正向影响因素。

行业层面分解结果显示，1980—2011 年我国 CO_2 排放累计增长 593.80%，主要由国内生产总值（GDP）及工业出口外贸依存度这两大正向影响因素驱动，其余正向影响因素为产业结构和能源结构，负向影响因素按贡献大小依次为工业单位出口能耗、非工业能源强度。工业能源强度累计下降 67.29%，远远超过其余行业，是抑制我国碳排放总量上升的关键因素。从各阶段来看，1985—1990 年、1990—1995 年及 2000—2005 年，CO_2 排放总量增幅较快，其余阶段相对较慢。从各因素来看，国内生产总值（GDP）、工业单位出口能耗及工业出口贸易依存度（后两者的乘积为工业能源强度）是影响碳排放的三个主要因素，而能源结构、产业结构和非工业能源强度对碳排放贡献不大。

地区层面分解结果显示，1985—2011 年我国 CO_2 排放总量累计增长 486.41%，主要由国内生产总值（GDP）和能源强度驱动，但两因素变动方向相反。其余正向影响因素为能源结构，负向影响因素为地区产值结构。各阶段碳排放增长速度虽然与行业分解不同，但其变动趋势基本一致。从各因素来看，国内生产总值（GDP）的变动幅度均高于其他因素。除 2000—2005 年外，其余时期能源强度均有较大幅度下降，很大程度上抑制了我国 CO_2 排放的增加。能源结构和地区产值结构变动对碳排放增长的影响较小。

4. CO_2 排放量增长，是经济发展的伴随结果。在当前粗放型的经济发展模式下，减排与经济发展存在两难冲突。但如果各地区排放权得到了明确界定，并建立起相应的碳排放交易市场，则低碳技术和低碳经济将得到较快发展。长远来看，减排将会促进人类社会的可持续发展。不过，短期来看，在保障经济增长的前提下，重点应通过降低行业（尤其是工业）及各地区能源强度（尤其是中西部地区）来控制 CO_2 排放的增加。另一方面，应不断优化出口产品结构，降低高耗能高排放出口产品比重，从而减少贸易隐含碳排放量。

第5章

各省区碳减排责任分摊研究

　　第3章对比分析了我国各地区碳排放差异，第4章进一步对碳排放的影响因素进行了系统的分析，这些工作为我们科学地设计地区碳减排责任分摊方案提供了重要依据。本章将在第3章和第4章分析的基础上，结合各地区具体情况，设计地区碳减排责任分摊模型，并将我国政府制定的"2020年单位GDP碳排放量在2005年基础上降低40%—45%"的减排目标进行省区分摊，为"十二五"期间国家分配各省区碳减排任务提供决策依据。

5.1　各种碳减排责任分摊原则

　　目前，关于碳排放责任如何公平分担已成为国际、国内气候变化领域讨论的一个焦点。1997年《京都议定书》确认了共同但有区别的责任原则,这一原则被大多数学者认为是国际环境法的基本原则之一，并将其概括为："由于生态系统具有整体性和关联性，各国负有共同保护和改善环境的义务。但由于历史责任、现实责任、现实条件等原因，各国所承担的义务应该是有所区别的，发达国家应当比发展中国家承担更多的责任，体现在承担责任的时间、领域、方式等方面。"

　　此外，许多文献还提出了不同的碳排放分配原则，如国土面积原则、人均原则、碳排放强度分配原则、历史原则、能力原则等。但是，实证研究最多的还是关于碳排放量核算的"生产者责任原则"和"消费者责任原则"的争论，其争论的焦点是地区间贸易隐含碳排放的归属问题。

"生产者责任原则"即"领土原则"，该原则仅考虑了某国家（地区）领土内与每个生产部门直接相关的 CO_2 排放，没有考虑调出、调入产品隐含碳排放。这样，如果一个国家（地区）生产的产品多数用来出口或调出给其他地区，则该国家（地区）就不得不为这部分出口或调出品隐含碳排放"买单"，这显然是不公平的，而且会进一步促使发达国家（地区）将更多碳排放转移到欠发达国家（地区）。

于是，许多研究者提出了"消费者责任原则"，该原则认为消费者应该为其所消费的产品在生产过程中排放的 CO_2 负责。依据该原则计算的消费隐含碳排放量等于生产隐含碳排放量减去调出产品隐含碳排放量，加上调入产品隐含碳排放量。该原则赋予欠发达国家（地区）较少的减排责任，而给发达国家（地区）较多的减排责任，与"生产者责任原则"相比更能体现公平性。然而，如果仅按照"消费者责任原则"确定国家（地区）减排责任，则生产者就没有动力改进生产技术以降低碳排放强度。而消费者虽然在理论上会去选择那些碳排放强度较低的生产者，但现实中受成本等因素的制约，他们往往不会考虑这些环境问题。因而从全局来看，不利于总体减排目标的实现。

鉴于国家（地区）间贸易既给生产地带来收益，又能满足消费地生产生活需要，双方均从中获益，一些研究者如 Lenzen 等（2007）、汪臻等（2012b）开始强调"共同责任原则"，即由生产者和消费者共同为贸易中的碳排放负责。这种分配方法将贸易隐含碳排放在二者之间合理分担，既能体现公平性，又有利于减排总目标的实现，与单纯的生产者或消费者责任原则相比也更容易被接受。联大 44/228 号决议（1989）指出：全球环境不断恶化的主要原因，是不可持续的生产方式和消费方式，生产地和消费地都对碳排放负有责任（汪臻等，2012b）。中共十八大报告也指出，在设计地区减排责任时，应"坚持共同但有区别的责任原则、公平原则、各自能力原则"。因此，本研究将依据"共同环境责任原则"对国内各省区减排责任进行分摊。

5.2　生产者与消费者责任原则合理性的讨论

为突出"共同环境责任原则"的优越性,在具体讨论如何按这一原则对国内各省区减排责任进行分摊之前,本节先对生产者和消费者责任原则下我国各地区减排责任分摊结果的合理性做一个简要评论。为突出结果的差异性,下面仅依据碳排放量来确定各地区减排责任比重,但考虑到历史原则,在具体计算时采用累计碳排放量这一指标。

5.2.1　"生产者责任原则"下各省区减排责任

这里采用某省累计生产隐含碳排放量占 30 个省区之和的比重作为该省所分摊到的减排责任比重。生产隐含碳排放量采用第 3 章的计算结果,进行累计时以 1997 年为起点,如 2011 年累计碳排放为 1997—2011 年碳排放量的合计。按此方式,依据第 3 章的生产隐含碳排放量计算结果,2006—2011 年各省区累计生产隐含碳排放量均可计算得到,进一步可计算出"生产者责任原则"下各省区减排责任比重。为简化起见,图 5.1 仅给出 2006、2009 和 2011 年的分摊结果。

由图 5.1 可以看出,"生产者责任原则"下,受生产隐含碳排放总量的影响,山西省分摊到的比重最高,在 10%左右,减排责任最重。此外,山东、辽宁、河北、江苏、河南等地减排责任分摊比重也较大,均在 5%以上。而海南、青海、宁夏等地减排责任分摊比重相对较小。纵向来看,2006—2011 年,北京、山西、辽宁、黑龙江、上海等地区的分摊比重呈现一定程度的下降趋势;河北、内蒙古、山东、河南等地的分摊比重则有上升趋势,不过总体来说变化幅度不大。

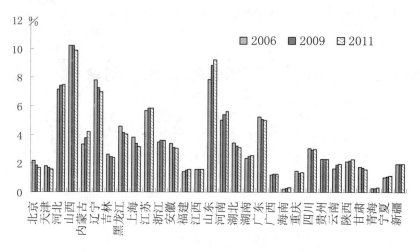

图 5.1 "生产者责任原则"下各省区分摊比重

5.2.2 "消费者责任原则"下各省区减排责任

采用同样的方法,根据第 3 章的消费隐含碳排放量可计算得到"消费者责任原则"下各省区减排责任比重。结果见图 5.2。

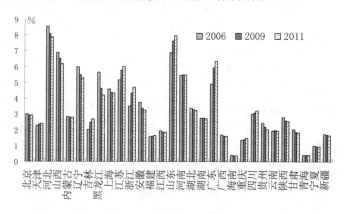

图 5.2 "消费者责任原则"下各省区分摊比重

对比图 5.1 和图 5.2 可以看出，"消费者责任原则"下，山西省分摊到的比重大大下降，各年均在 7% 以下，减排责任减轻了很多。内蒙古、辽宁、山东等省比重也有较为明显的下降。而北京、天津、上海、江苏、浙江、广东分摊比重明显上升。上述地区消费与生产隐含碳排放差异较大。纵向来看，2006—2011 年，河北、山西、辽宁、黑龙江、安徽等省份比重有所下降，表明这些地区累计消费隐含碳排放量相对减少；而吉林、江苏、浙江、山东、广东等省份比重有所上升。

5.2.3　两种原则合理性的讨论

通过上述对比不难看出，不同的视角选择对某些省份的碳减排分摊结果有显著影响。总体来看，北京、天津、上海、浙江、广东、山西、内蒙古、辽宁、山东在两种视角下的减排责任差异较大，尤其是山西，生产者责任视角下的比重远远高于消费者责任视角下的比重。在这些差异较大的地区，如果按照生产者责任原则分摊减排责任，那么对于山西、内蒙古、辽宁等能源富裕省份来说减排压力过大，这是非常不公平的，且其很难实现如此沉重的减排压力。同时这又将导致消费地（一般是发达地区）将更多碳排放转移到这些生产地区，不利于全国减排目标的实现。如果按照消费者责任原则，那么山西等能源富裕省份减排压力得到缓解，但不利于激励其采取积极措施以降低碳排放强度。同时该原则对北京、天津、上海等经济发达地区又是不公平的，因为其巨大的净调入拉动了周边地区的经济增长，为周边地区的经济发展做出了很大贡献，反而要承担巨大的碳减排责任。因此，单纯按生产者或消费者责任原则分摊减排责任均是不合理的，应寻求两者的一个中间平衡点，即"共同环境责任原则"。

"共同环境责任原则"与单独从生产者责任或消费者责任角度分摊碳减排责任不同，其强调将贸易隐含碳排放在生产地和消费地按比例进行合理分摊，使得两地共同为其贸易隐含碳排放负责，故共同环境责任原则下的分摊比重总是介于生产者责任和消费者责任之间。因此，依据"共同环境责任原则"进行责任分摊，对于贸易隐含碳排放净调出或净调入量巨大的地区将是一种公平的选择。该原则下，生产地和消费地共同对贸易隐含碳排放负责，体现了受益与责任的匹配，能够调动各地减排积极性。这种分摊方式可同时促使生产者和消费者都改变其环境行为，是一种有效的激励机制，既有利于消费地选择低碳的消费模式和生活模式，激励其对生产地进行资金与技术支持，也有利于对生产地施加压力，促使其采用先进生产技术以降低碳排放强度。因此，从总体减排有效性出发，下面探讨如何采取"共同环境责任原则"进行碳减排责任分摊。

5.3 共同环境责任视角下碳减排责任分摊模型设计

5.3.1 模型设计

上一节对地区减排责任分摊时，只是依据累计碳排放量这一个指标，不能全面体现十八大报告提出的"共同但有区别的责任原则、公平原则和各自能力原则"。因此，下面试图设计更为合理的减排责任分摊模型，以体现上述各原则。

为反映生产者和消费者共同环境责任原则，此处使用综合碳排放量 C_i（生产隐含碳排放量加净调入隐含碳排放量乘以分配系数 θ 再加生活消费碳排放量），其计算公式为：

$$C_i = C_{i,p} + \theta(\sum_{j \neq i} C_{ji} - \sum_{j \neq i} C_{ij}) + C_{i,l} \tag{5.1}$$

这种碳排放核算方法，是将贸易隐含净调入碳排放在生产地和消费地按比例分摊，分配系数为 θ，θ 的取值影响各省区的综合碳排放量，进而影响责任分摊结果。$\theta=1$ 时，综合碳排放量为消费隐含碳排放量。θ 值越高，消费地承担的责任越大，反之，生产地承担的责任越大。考虑到消费地通过调入产品，既节省了产品生产的能耗，又避免了空气污染，从省际贸易中获益大于生产地，理应多分摊减排责任，

108

故本研究假设 θ 为 60%，体现了共同但有区别的责任原则。

但是，鉴于发达国家（或地区）历史上排放的 CO_2 更多一些，理应承担更多的碳减排责任，为体现"公平原则"（或称"减排道义"），本研究在测算各省区的碳减排责任时，将对上述综合碳排放量纵向累加，采用累计综合碳排放量这一指标。

剩下的问题是如何体现"各自能力原则"。在第 4 章的 LMDI 分解分析中我们注意到，国内生产总值（GDP）和碳排放强度（主要由能源强度和能源消费结构决定）对碳排放总量的影响较大。这启示我们，在确定减排责任时，除依据各省区的累计综合碳排放量外，还应考虑这两个指标。其中，国内生产总值（GDP）衡量了一个地区的经济总量，国内生产总值（GDP）越大，经济实力越强，可以很好地体现各自能力原则。那么，在考虑了各地区累计综合碳排放量和国内生产总值（GDP）这两个指标之后，在设计碳减排分摊模型时是否还需要单独考虑碳排放强度？考虑到碳排放强度是碳排放量和国内生产总值（GDP）之比，我们认为碳排放强度已在一定程度上通过累计综合碳排放量和国内生产总值（GDP）这两个指标得到体现。

由此，本研究将依据各地区累计综合碳排放量比重和国内生产总值（GDP）比重两个指标来确定各省区的碳减排责任。这一研究思路与汪臻等（2012b）的分摊模型[①]有相似之处。汪臻等（2012b）的分摊模型采用某区域人均累计综合碳排放量比重、人均国内生产总值（GDP）比重、碳排放强度比重三个指标加权平均作为各区域分摊到的减排比重，其同时考虑了各种分摊原则，具有一定的启发性。但其研究也存在一些不足之处：一是分摊模型所用指标构造不合理，如某区域人均累计综合碳排放量占各区域人均累计综合碳排放量之和的比重，这一指标既不是结构相对数，也不是比较相对数，经济含义和统计含义均不明确。同理，人均国内生产总值（GDP）比重和碳排放强

[①] 汪臻等（2012b）的分摊模型表达式为：$R_i = \omega_1 C_{co,i} / C_{co} + \omega_2 q_i / q + \omega_3 u_i / u$。其中，$R_i$ 表示区域 i 分摊到的碳减排量占总碳减排量的比重，$C_{co,i}$ 为区域 i 的人均累计综合碳排放量，q_i 为区域 i 的人均 GDP，u_i 为区域 i 的综合碳排放强度，C_{co}、q、u 为各区域相应指标之和，ω_1、ω_2、ω_3 为权重，且其和为 1。

度比重也存在同样问题。二是该模型所用三个指标为某一特定年份的静态指标，不利于反映各地区减排责任的动态变化。而随着时间的推移，各地区减排责任应做相应的调整。比如，如果某地区注意节能减排，那么其累计综合碳排放量所占比重就可能下降，其应承担的减排责任也应下调；类似地，如果某地区的经济增长加快，那么其国内生产总值（GDP）所占比重可能逐年提高，并且在碳排放强度一定的情况下其排放的 CO_2 也将随之增加，该地区不仅有能力而且应当承担更多的减排责任。因此，各地区在某年的减排责任比重应根据其相应年份的指标计算得到，从而使得各地区减排责任在各时期不相同。三是该模型所采用的碳排放量，未考虑生活消费隐含碳排放及进出口商品隐含碳排放。此外，其仅给出了理论模型与虚拟试算，未利用我国具体数据进行实际计算与分析，有待进一步完善。

故本研究基于上文拟定的思路，对汪臻等（2012b）的模型进行如下改进。首先，对模型所依据的基础指标进行替换，将人均累计综合碳排放量比重改为累计综合碳排放量比重，将人均国内生产总值（GDP）比重改为国内生产总值（GDP）比重。但考虑到这两个比重的差异已在一定程度上体现了各省区的碳排放强度，比如某省区的国内生产总值（GDP）比重大而累计综合碳排放量比重小，那么该省区的碳排放强度必定较低，反之，某省区的国内生产总值（GDP）比重小而累计综合碳排放量比重大，那么该省区的碳排放强度必定较高，故本研究不再单独考虑与汪臻等（2012b）模型中的碳排放强度比重对应的指标。然后，进行动态化调整，采用各年两个指标的加权平均作为省区各年的减排责任分摊比重，从而使得减排责任在各时期不相同。改进后各省区减排责任分摊比例的计算公式如下：

$$R_{it} = w\frac{GDP_{it}}{GDP_t} + (1-w)\frac{CA_{it}}{CA_t} \qquad (5.2)$$

式中，R_{it} 为省区 i 在 t 期分摊到的减排量占 30 个省区总减排量的比重，GDP_{it} 为省区 i 在 t 期的地区生产总值，CA_{it} 为省区 i 在 t 期的累计综合碳排放量，GDP_t 和 CA_t 分别为 30 个省区 t 期相应指标之和，w 为权数。上式意味着，减排责任分摊比重是两个因素的加权平均。

第一项基于地区生产总值计算,反映减排能力(地区生产总值越高,越富裕,减排能力越大);第二项基于累计综合碳排放量计算,反映减排道义(累计综合碳排放越多,则应承担更多减排义务)。

显然,依据上述模型测算各省区的碳减排责任,关键是解决好下面两方面的问题:一是如何测度上述两个比重;二是权数确定。下面依次讨论。

5.3.2　指标计算和预测

鉴于现有国家减排目标基于 2005 年,故本研究考察期为 2006—2020 年。其中,2011 年以前减排道义和 2012 年以前减排能力指标结果,利用统计数据,根据指标定义直接计算得到,无需赘言[①]。以后数据需要预测得到,下面重点讨论预测方法。

1.减排能力

为预测减排能力,需要预测各地区 2013—2020 年国内生产总值(GDP)。由于预测比率比直接预测绝对值更简单,效果也更易于保证,故采用如下方法:

$$\frac{GDP_{it}}{GDP_t} = \frac{GDP_{i0}V_{it}}{GDP_0V_t} = \frac{GDP_{i0}}{GDP_0} \cdot \frac{V_{it}}{V_t} = \alpha_{i0}v_{it} \qquad (5.3)$$

V_{it} 代表 i 省区 t 期国内生产总值 GDP 定基发展速度,$v_{it} = V_{it}/V_t$,$a_{i0} = GDP_{i0}/GDP_0$。基期(2012 年)各省国内生产总值(GDP)占全国比重 α_{i0} 可直接根据统计数据计算,相对指标 v_{it} 则需要预测。

利用历史数据检验发现,各省国内生产总值(GDP)环比发展速度(指数)X_{it} 与全国 X_t 的比值 x_{it} 近期很稳定,以 2010—2012 年平均值(常数 x_i)做预测。根据定义,定基指数为相应时期环比指数连乘积,故有 $v_{it} = x_{i1}x_{i2}\cdots x_{it} = x_i^t$。进而,上述结果可以改写为:

$$\frac{GDP_{it}}{GDP_t} = \alpha_{i0}v_{it} = \alpha_{i0}x_i^t \qquad (5.4)$$

[①] 各地区生产总值采用 2000 年价格表示。

这样，通过归一化处理，得到各省减排能力的相对测度。

2. 减排道义

预测减排道义，需要预测各地区 2012－2020 年综合碳排放量。同样，由于预测相对数比直接预测绝对值更易于保证，故本研究首先预测各地区综合碳排放强度，然后与国内生产总值（GDP）相乘可得到综合碳排放量。根据国家制定的全国减排目标，2020 年要在 2005 年基础上使碳排放强度降低 40%－45%，取上限 45%可以计算出 2020 年全国碳排放强度目标值为 2.63（吨/万元），如何在此基础上确定各省 2020 年碳排强度下降目标，并非易事。

一种方便假定是，各省区 2020 年碳排放强度均降为相同的目标值 2.63（吨/万元）。该假定没有考虑各省区差异和承受能力，一方面部分碳排放强度最低的省区根本无需再降，另一方面碳排放强度最高的省区，则需要极高的降幅（如山西需降 86%），这既有失公平，又难以实现。另一种方便的假定是，各省均采用和全国相同的下降幅度（45%），但试算发现其结果也不合理（一些现在碳排放强度低的省份，2020 年将降到 1 吨/万元左右，这在技术上很难实现），一刀切的处理方式没有考虑到各省区碳排放强度差异。显然，目前碳排放强度较高的部分省份，其降幅可以而且应该高于全国平均降幅，而碳排放强度较低的部分省份，其降幅应该低于全国平均水平。

鉴于此，对上述两种极端做法进行某种折中，可以兼顾公平性和可行性。下面进行一种尝试，按照目前（2011 年）降幅进度确定随后年份降幅。首先计算 2011 年各省区碳排放强度与全国碳排放强度之比 u_{i2011}/u_{2011}；然后将该数值作为调整系数乘以全国平均降幅 45%，得到各省区降幅，其可保证目前碳排放强度高的省份将以更快速度下降，而碳排放强度低者以低于全国平均的速度下降，见式（5.5）。

$$u_{i2020} = u_{i2005} \cdot (1 - 45\% \cdot u_{i2011}/u_{2011}) \qquad (5.5)$$

据此确定各省区 2020 年碳排放强度目标后，可以计算 2011－2020 年期间碳排放强度几何平均发展速度 $\sqrt[8]{u_{i2020}/u_{i2011}}$，然后推算 2012－2020 年结果，简要结果见表 5.1。

表 5.1　各省区综合碳排放强度　　单位：吨/万元

省区	2005	2012	2015	2018	2020	省区	2005	2012	2015	2018	2020
北京	3.40	2.77	2.59	2.41	2.31	河南	5.46	4.23	3.57	3.02	2.70
天津	5.08	3.84	3.40	3.02	2.78	湖北	4.31	3.46	3.09	2.76	2.56
河北	7.40	5.77	4.16	2.99	2.40	湖南	4.08	2.81	2.80	2.79	2.78
山西	18.48	12.67	9.58	7.24	6.01	广东	2.58	2.26	2.12	1.99	1.90
内蒙古	8.23	6.76	4.77	3.37	2.67	广西	3.37	2.85	2.61	2.39	2.25
辽宁	5.94	3.92	3.65	3.40	3.24	海南	2.14	3.15	2.25	1.61	1.29
吉林	6.84	5.22	3.89	2.90	2.38	重庆	4.13	3.53	3.06	2.64	2.40
黑龙江	5.30	4.00	3.50	3.05	2.79	四川	3.67	2.95	2.74	2.54	2.41
上海	3.58	2.95	2.71	2.49	2.35	贵州	10.19	6.62	5.11	3.94	3.31
江苏	3.40	2.69	2.56	2.43	2.34	云南	5.93	4.12	3.69	3.30	3.06
浙江	3.37	3.00	2.66	2.36	2.18	陕西	6.01	4.94	3.72	2.80	2.32
安徽	5.02	3.74	3.37	3.03	2.82	甘肃	7.69	5.97	4.31	3.11	2.50
福建	2.27	1.89	1.84	1.81	1.78	青海	5.98	5.81	3.85	2.56	1.94
江西	3.99	3.03	2.86	2.70	2.59	宁夏	16.51	15.93	10.59	7.04	5.36
山东	4.88	3.96	3.37	2.86	2.57	新疆	6.69	5.96	4.08	2.80	2.17

由表 5.1 可见，2005 年综合碳排放强度较高的河北、山西、内蒙古、贵州、甘肃、宁夏等省份，其 2005—2020 年降幅均在 60%—70% 之间，虽高于全国平均降幅，但通过努力并非不能实现；而碳排放强度较低的北京、上海、江苏、浙江、福建、广东、海南等省份（直辖市），其降幅均在 40%以下，低于全国平均水平，在技术上也能够实现。因此，本研究采取的这种折中的碳排放强度预测方法具有一定合理性。

得到了综合碳排放强度预测值之后，还需要预测各地区国内生产总值（GDP），两者相乘即可得到综合碳排放量。关于各地区国内生产总值（GDP），由于前面计算减排能力时已经计算了各省区国内生产总值（GDP）环比发展速度与全国的比值 x_i，只要确定预测期的全国经济发展速度，将二者相乘即得到各省区预测期的经济发展速度，进而得到国内生产总值（GDP）。简化起见，假定 2013－2020 年期间全国经济发展速度为 107.5%[①]。得到各省区国内生产总值（GDP）预测值后，进一步可计算各地区 2012－2020 年的综合碳排放量，最终得到 $\dfrac{CA_{it}}{CA_t}$。

5.3.3 权数设定

在综合评价中，权数有不同的类别，不同类别的权数往往代表着不同的经济含义和不同的数学特点。这里，权数设定反映减排责任分配方案对前述两个方面的重视程度，或者说反映政策偏好。权数设定有两种方法：一种是主观赋权，一种是客观赋权。主观赋权是根据研究目的和评价指标的内涵，人为地构造出反映各个评价指标重要程度

---

① 一方面，一些研究（如白永秀，2013）指出，我国已由超高速经济增长期（增长率大于 9%）进入高速增长期（增长率介于 6%－9%之间）。随着我国经济总量持续扩大，以往过高的增长率难以再现（麦迪逊预计，中国 2003－2030 年经济增长率平均为 5%左右）。另一方面，我国 2012 年经济增长率为 7.7%，未来一段时期增长率保持在类似水平的可能性较大。另以 6%和 9%分别计算，发现尽管对综合碳排放量有明显影响，但对各省相对比重影响不大。故后文分析仅报告 7.5%设定之下的结果。

的权数；客观赋权是由变换统计资料的表现形式和统计指标合成方式而得到的权数。

　　计算发现，权数的设定对分摊结果有较大影响。w 越大，表明政策制定者越关注减排能力因素，认为能力大的地区应该承担更多的减排责任，此时的结果往往是发达地区承担的责任较大，欠发达地区承担的责任较少；而 w 越小，则越侧重减排道义，认为累计综合碳排放量大的地区应该承担更多的减排责任，此时的结果往往是能源富裕大省承担的责任较大。毫无疑问，无法确定唯一合理的权数结构。故通过多种情景比较，有助于对其影响做出判断。

表 5.2　四种决策偏好下的权数

权数	情景 1（平均权数）	情景 2（偏好能力）	情景 3（偏好道义）	情景 4（客观赋权）
w	1/2	1	0	0.5468

　　表 5.2 中的情景 1—3 为主观权数。在情景 1 下，两个指标采用平均权数的形式，表明政策对减排能力和减排道义有相同的偏好；情景 2 意味着政策完全偏好于减排能力，而忽略减排道义，认为应根据各地区经济总量来确定其减排责任。类似的，情景 3 意味着政策完全偏好于减排道义。情景 2 和 3 是权数的两种极端情况，只考虑了一种因素，在实际进行责任分摊时是不可取的。之所以在这里给出这两种情况，是为了和其他情景进行比较，以说明权数取值对分摊结果的影响。

　　情景 4 为客观权数，采用曾五一（2003）提出的变异系数法得到。该方法不需要依靠专家先对各指标的权数做出评定，而是直接利用各指标所包含的信息通过计算得出指标权重。其基本思想是：指标取值差异越大的指标越重要，因为它更能反映出参加评价的各单位的差距。为了消除各指标量纲不同的影响，用变异系数来衡量各指标取值的差异程度。具体计算公式为：

$$各指标的权数\ w_i = \frac{V_i}{\sum_i V_i} \tag{5.6}$$

式中，V_i 为各指标的变异系数。实际上，由于本研究两项指标量纲相同，可以直接采用标准差来计算。本研究所涉及两项指标为 2006—2020 年的数据，所以对应权数也为 2006—2020 年。计算发现，虽然权数随时间有所变化，但变动幅度很小。为简化起见，采取各权数 2006—2020 年的平均值作为各年的固定权数，计算结果为表 5.2 中的情景 4，与情景 1 的平均权重差异不大，只是相对更突出了减排能力。

5.3.4 其他问题

在前两步基础上，可以进行加权平均，计算各省区历年减排责任比重 R_{it}。该值反映其在全国各年总减排量中所占比重，合计为 100%。

考虑到实践中利用该方法设定碳减排方案时，往往只能依据已有历史数据进行，为保证可操作性，下文实际计算时上述两类指标均取滞后 2 期数据。例如，2014 年，决策部门确定该年减排分摊方案时，最多只能获得 2012 年数据，滞后两年可以保证决策的可行性。因此，后文实际使用的计算公式调整为：

$$R_{i,t+2} = w\frac{GDP_{it}}{GDP_t} + (1-w)\frac{CA_{it}}{CA_t} \tag{5.7}$$

稳健性检验表明，以滞后 2 期的比重分摊碳减排责任，对最终分摊比重影响不大，而且不影响碳减排目标的实现。

5.4 各省区碳减排责任分摊结果

5.4.1 各省区分摊比重

下面依据上一节的分摊模型，对各种权数情景下省区分摊比重进行计算分析。

1. 情景 1 下各省区减排责任

由图 5.3 和图 5.4 可见，采用平均权数时，广东、山东、江苏、河北、辽宁、河南、浙江、山西 8 省区分摊到的减排责任比重较高，各年均在 4%以上。这些地区大致可以分为两类：一类是经济发达地区（减排能力较强），如广东、山东、江苏、浙江；另一类是资源富裕地区，如山西、河北、辽宁、河南。除上述 8 省区外，其余省份分摊比重基本均在 4%以下，且省区间差异不大。其中分摊比重较小的地区有海南、青海、宁夏、甘肃、新疆，比重均在 1.5%以下。这些地区无论从减排能力还是减排道义上，其相应指标均不高。

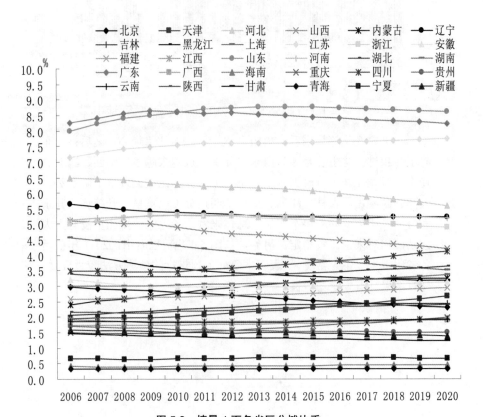

图 5.3　情景 1 下各省区分摊比重

117

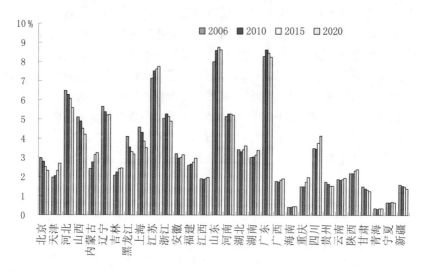

图 5.4　情景 1 下各省区 2006、2010、2015、2020 年分摊比重

　　从纵向变化趋势来看，2010 年之前，广东比重最高，之后被山东赶上并超过。这主要是因为山东累计碳排放越来越多。山西、河北、辽宁、黑龙江几个资源大省及北京、上海分摊比重大致呈下降趋势，天津、内蒙古、吉林、江苏、重庆、四川分摊比重呈上升趋势，其余省份分摊比重变动趋势不明显。总体来看，各地区分摊比重没有太大波动，相对来说比较稳定。另外，从图 5.3 也可以看出，2011 年前后各省比重未发生异常变化，表明本研究各项指标的预测方法较为合理，计算结果具有一定稳健性。

　　2. 情景 4 下各省区减排责任

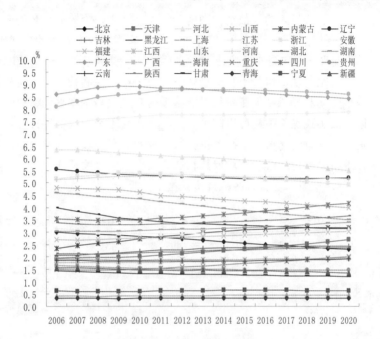

图 5.5 情景 4 下各省区分摊比重

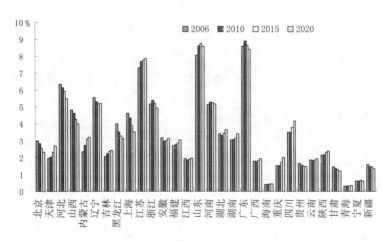

图 5.6 情景 4 下各省区 2006、2010、2015、2020 年分摊比重

　　由于情景 4 的权数结构同情景 1 相差不大，为验证权数的微小变动对分摊结果有无显著影响，下面来分析客观赋权情景下的分摊比重，结果见图 5.5 和图 5.6。

　　对比发现，情景 1 和情景 4 下的分摊结果极其相似，说明权数的微小变动对分摊结果影响甚微。鉴于客观赋权与主观平均赋权结果相近，故实践操作中，可用简单方式处理，采用平均权数进行计算。但是，当政策明显偏好于某个指标时，权数需发生较大幅度变动，此时分摊结果是否还会和平均权数相似？需要我们继续验证。

　　3．情景 2 下各省区减排责任

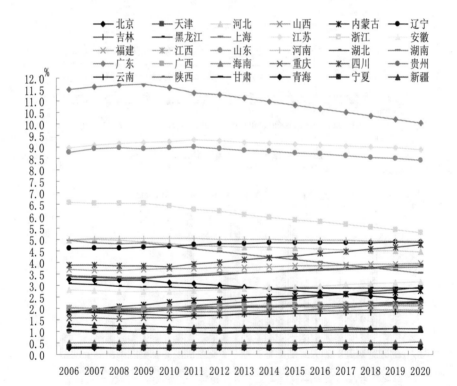

图 5.7　情景 2 下各省区分摊比重

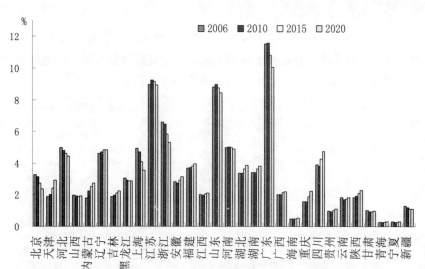

图 5.8 情景 2 下各省区 2006、2010、2015、2020 年分摊比重

情景 2 下减排能力指标权重为 1，减排责任分摊完全依据各地区的经济实力，经济总量相对较高的地区将承担较重的减排责任，该情景下的计算结果见图 5.7 和图 5.8。

情景 2 下，广东省分摊比重最高，各年均在 10% 以上，比平均权重下的分摊比重约高出 2 个百分点。除广东外，江苏、山东、浙江等经济强省分摊比重也较高，而海南、青海、宁夏、甘肃等经济总量较少的地区分摊比重较低。情景 1 和 4 中比重较高的山西、河北两省在情景 2 下的分摊比重出现明显下降。可见，与情景 1 和 4 相比，情景 2 下各省区减排责任分摊比重差异增大。从纵向变化趋势来看，广东、浙江、上海、北京分摊比重下降趋势较为明显，而天津、内蒙古、四川上升趋势较为明显。这主要是由于前面 4 个省市近几年的经济增速偏低，而后面 3 个省区近几年的经济增速则处于全国前列，按此趋势推算，在完全依据各地区的经济实力分摊减排责任的情景 2 下必然是这种结果。

4．情景 3 下各省区减排责任

情景 3 下减排能力指标权重为 0，减排道义指标权重为 1，减排责任分摊完全依据各地区的历史排放，累计综合碳排放相对较高的地区将承担较重的减排责任，该情景下的计算结果见图 5.9 和图 5.10。

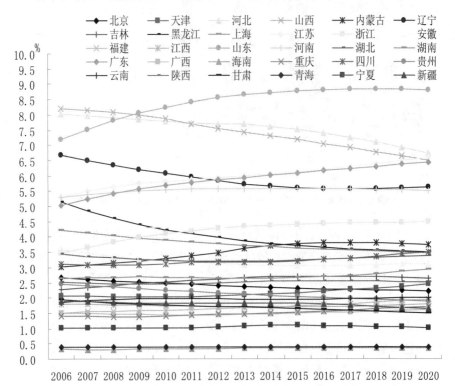

图 5.9　情景 3 下各省区分摊比重

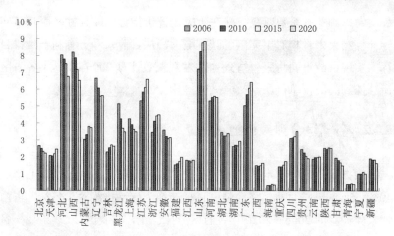

图 5.10　情景 3 下各省区 2006、2010、2015、2020 年分摊比重

　　强调减排道义时，山东省减排责任分摊比重最高，其次为山西、河北、辽宁、江苏、广东。与情景 2 相比，广东、江苏、浙江等经济强省分摊比重出现明显下降，而河北、山西、辽宁、黑龙江等能源富裕大省分摊比重则出现明显上升。这样，现实中如果政策偏好于减排道义，认为累计排放多的地区就应该多减，从而将减排的任务主要分配给能源富裕地区，而不考虑这些地区的承受能力，则最后的结果很可能是其完不成减排任务。而有能力减排的地区往往由于较小的减排压力而不实施强有力的减排措施，同样不利于总体减排目标的实现。因此，不能对减排道义赋予过高的权重。

　　小结：综合对比发现，相对平均权重来说，偏好减排道义和减排能力时，减排结果将发生实质性变化。需要说明的是，以上计算结果只是本研究设定的几种情形，当然还可以设置各种不同的权数。但不管采取何种权数结构，计算发现，省区间减排责任比重的差异随着时间的推进均呈缩小态势（2006—2020 年分摊比重的标准差逐年减小），趋于均等化。这也暗示着，在经过很长一段时期后，省区间减排责任分摊也许可以采取省区平均的形式，但目前责任分摊必须体现省区差异。考虑到变异系数赋权方法在于突出评价指标的差异性，而且从实际计算结果来看相对更突出了减排能力，从目前来看更有利于减排目标的实现，故下面将采用情景 4 的客观权数计算 2006-2020 年各省区所分摊到的减排总量。

5.4.2 各省区分摊减排绝对量

根据我国政府制定的 2020 年碳排放强度在 2005 年基础上降低 40%—5%的减排目标，将此强度目标转换为碳减排绝对量目标，再由情景 4 计算的 2006—2020 年各省区分摊比重，将我国 2020 年减排目标进行省级绝对量分摊。方法是，设 ΔC_t 为第 t 年（2006—2020）全国按目标碳排放强度（减排）和按 2005 年碳排放强度（不减排）计算所应减少的碳排放量，即：

$$\Delta C_t = GDP_t u_{2005} - GDP_t u_t \quad （t=2006,2007,\cdots,2020）\quad （5.8）$$

其中，GDP_t 为第 t 年 GDP，u_t 为第 t 年目标碳排放强度，u_{2005} 为 2005 年碳排放强度[①]。根据式（5.8）计算得到全国 2006-2020 年的减排量 ΔC_t，再由情景 4 下各省区比重得到各省区所应分摊到的减排绝对量，简要结果见表 5.3。

为实现 2020 年总体减排目标，2006—2020 年全国累计应减少 885.63 亿吨碳排放量。山东和广东分摊到的减排任务最多，分别累计为 76.86 和 76.11 亿吨，占全国总量的 8.68%和 8.59%。累计分摊总量超过 40 亿吨的还有江苏、河北、河南、辽宁、浙江，均为能源消费大省和经济强省；青海分摊最少，其次为海南、宁夏，三省占全国的比重均低于 1%。可见，本研究的计算结果相对较为合理，可为国家分配各地区碳减排任务提供数据参考。

---

① 相应数据均采用前文的计算结果，此处不再赘述。

表5.3　2006–2020年各省区分摊的减排总量（单位：亿吨）

省份	2006	2010	2015	2020	累计	省份	2006	2010	2015	2020	累计
北京	0.07	0.78	1.79	3.40	22.15	河南	0.12	1.45	3.67	7.61	46.18
天津	0.05	0.56	1.62	3.97	21.39	湖北	0.08	0.91	2.42	5.38	31.05
河北	0.15	1.69	4.15	8.07	51.27	湖南	0.07	0.84	2.23	5.01	28.78
山西	0.11	1.27	3.00	5.89	37.37	广东	0.20	2.45	6.08	12.37	76.11
内蒙古	0.06	0.75	2.17	4.70	27.26	广西	0.04	0.49	1.29	2.85	16.53
辽宁	0.13	1.46	3.63	7.66	46.13	海南	0.01	0.11	0.31	0.65	3.89
吉林	0.05	0.61	1.67	3.57	21.06	重庆	0.04	0.41	1.21	2.94	15.94
黑龙江	0.10	0.96	2.29	4.64	28.85	四川	0.08	0.96	2.66	6.16	34.57
上海	0.11	1.19	2.72	5.17	33.70	贵州	0.04	0.43	1.04	2.16	13.19
江苏	0.17	2.12	5.45	11.57	68.98	云南	0.04	0.50	1.29	2.83	16.58
浙江	0.12	1.48	3.64	7.24	45.30	陕西	0.05	0.59	1.61	3.50	20.45
安徽	0.08	0.81	2.09	4.61	26.91	甘肃	0.03	0.37	0.89	1.77	11.10
福建	0.06	0.76	2.02	4.48	25.87	青海	0.01	0.09	0.24	0.50	2.97
江西	0.05	0.51	1.33	2.90	17.02	宁夏	0.01	0.17	0.46	0.91	5.64
山东	0.19	2.37	6.14	12.66	76.86	新疆	0.04	0.41	1.01	1.99	12.55

125

5.5 各省区碳减排任务完成情况

上文的计算结果是按模型计算的各地区应分摊到的减排绝对量，与各地区实际完成的减排量之间必定存在一定差距。本节将对 2006—2011 年各省区减排任务完成情况进行判断，并在此基础上给出其未来发展方向。

5.5.1 各省区碳减排任务完成情况

首先根据式（5.8）得到 2006—2011 年各省按当年碳排放强度（减排）和按 2005 年碳排放强度（不减排）计算实际减少的碳排放量，从而得到 2006—2011 年的累计实际减排总量，将该累计量与表 5.3 中 2006—2011 年所分摊到的累计量相除，即得到各省 2006—2011 年减排任务完成百分比。计算结果见图 5.11。

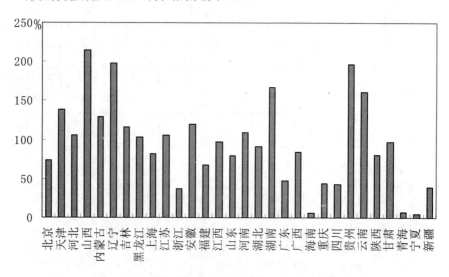

图 5.11　2006–2011 年各省区减排任务完成百分比

由图可见，各省区减排任务完成情况差异较大。山西完成减排任务的 214.97%，完成情况最好，宁夏完成情况最差，仅为 4.21%。按照减排任务完成百分比是否大于 100%，将 30 个省区分为两类，结果见表 5.4。

第一类为完成减排任务的地区，多数为能源富裕省份。其中，山西、辽宁、湖南、贵州、云南五省的完成百分比均超过 150%，完成情况很好。分析原因，主要是这些省份 2005-2011 年的碳排放强度下降幅度较大，致使其实际减排绝对量较高。比如山西，2005 年的综合碳排放强度为 18.48 吨/万元，到 2011 年则降为 13.91 吨/万元，2005—2011 年累计实际减排 10.3 亿吨。不过，随着时间的推移，这些地区碳排放强度的下降幅度将越来越慢。除上述五省外，天津、内蒙古、吉林、安徽的减排任务完成情况也较好，均完成任务的 115%以上。其余几个省份完成百分比则在 100%—115%之间。

第二类为没有完成减排任务的地区，其既包括经济发达地区，如北京、上海、山东、广东等，又包括西部欠发达地区，如青海、宁夏、新疆。其中，北京、上海、江西、山东、湖北、广西、陕西、甘肃虽未完成任务，但其完成百分比均超过了 70%。而宁夏、青海、海南三省的完成情况不容乐观，完成百分比均在 10%以下，主要是这几个省份碳排放强度下降幅度非常小。未来几年这些地区应采取有效措施加快减排步伐，以保证 2020 年能完成减排任务。

表 5.4　各省区减排任务完成情况

分类	省份（直辖市）
第一类 （完成任务）	天津、河北、山西、内蒙古、辽宁、吉林、黑龙江、江苏、安徽、河南、湖南、贵州、云南
第二类 （未完成任务）	北京、上海、浙江、福建、江西、山东、湖北、广东、广西、海南、重庆、四川、陕西、甘肃、青海、宁夏、新疆、

5.5.2 各省区未来发展方向

我国幅员辽阔，各省市自治区经济社会发展水平及自然资源禀赋不同，在制定节能减排政策时应因地制宜，有针对性地开展工作。

上述第一类地区虽然减排任务完成情况较好，但不能松懈。因为山西、辽宁等煤炭资源富裕大省，其碳排放强度虽大幅下降，但其碳排放强度的绝对水平仍远高于发达地区，减排潜力巨大。这类地区今后工作重点应从能源效率着手，加大科技投入，促进先进技术和管理在煤炭开采和清洁煤方面的作用，提高煤炭的开采效率和使用效率。同时要深度开发能源相关产业，积极延长产业链，开展深加工和精加工，努力增强能源产地的经济实力。至于天津、江苏等经济发达地区，一方面应对其他地区进行资金、技术与人才支持，帮助落后地区加快减排步伐；另一方面应继续推进自身产业升级，加大科技投入和研发力度，充分发挥科技在低碳发展中的重要作用，通过舆论和宣传工具引导广大居民树立低碳消费观念，加快自身减排进程的同时，促进全国减排目标的实现，体现共同环境责任原则。

第二类地区要采取切实有效的措施加快减排进程。其中，广东、北京、上海等发达地区，服务业发展比较成熟，产业结构已趋于清洁化，减排工作的重点应放在转变消费观念，倡导绿色低碳消费方式上。政府应大力发展公共交通事业，加快节能与新能源汽车的推广与使用，积极引导居民的环保出行方式。编制城市建筑节能规划，推广和普及节能建材，积极推进太阳能、浅层地能、生物质能等可再生能源在建筑中的应用，大力降低生活消费碳排放，加快减排进程。而宁夏等减排任务完成最差的省份则应把减排重点放在降低碳排放强度上，遏制高耗能高污染行业过快增长，加快淘汰落后生产能力。加快能源结构调整，大力发展风能、太阳能等新能源，提高清洁能源比重。通过技术创新，减少能源消耗，延长产业链，提高调出商品的技术含量和附加值，培育新的竞争优势。对于广西、陕西、四川等西部地区，由于承接了东部发达地区淘汰的落后产能，资源环境面临严重压力。今后这些地区不能再作为东部污染的转移地，而是要承接东部先进的科技和管理经验。加快节能新工艺、新设备和新材料的研发与应用，淘汰高耗能落后工艺和设备，大力调整产品和能源消费结构，把节能降耗技术改造作为增长方式转变和结构调整的根本措施。同时这些地区应加强与东部地区在节能、新能源和低碳技术研发等方面的合作，进一步加快节能减排进程。

5.6 简要总结

本章首先对碳减排责任分摊原则进行了简要讨论，然后在"共同环境责任原则"下，设计了地区碳减排责任分摊模型，并将我国 2020 年减排目标进行了省区分摊。得到以下几点结论：

1. 仅依据累计碳排放量这一指标对各省区减排责任比重进行分析发现，"生产者责任原则"和"消费者责任原则"下，北京、天津、上海、浙江、广东、山西、内蒙古、辽宁、山东减排责任差异较大。尤其是山西，"生产者责任原则"下的比重远远高于"消费者责任原则"下的比重。在这些差异较大的地区，单纯按照"生产者责任原则"或"消费者责任原则"分摊减排责任，都是不公平的，且不利于全国减排目标的实现。应寻求两者的一个中间平衡点，即"共同环境责任原则"。

2. 本研究在"共同但有区别的责任原则、公平原则和各自能力原则"下，采用各地区累计综合碳排放量比重（先将贸易隐含碳排放量在生产地和消费地按不同比例分配，得到各地区综合碳排放量，以反映共同但有区别的责任原则；然后分地区纵向累计，计算各地区的比重，以反映公平原则）和国内生产总值（GDP）比重（反映各自能力原则）两个指标来确定各省区的碳减排责任，相比汪臻等的分摊模型更为合理。模型在技术处理上遇到的困难是指标权数的设定，文中给出了三种特殊的主观权数和一种客观权数共四种情景，以体现权数变化对分摊结果的影响。计算发现：依据变异系数法确定的客观权数与平均权数分摊结果十分相近。但当政策明显偏好于某个指标时，即权

129

中国省区间碳减排责任分摊研究

数向某一指标较大幅度倾斜时，分摊结果将发生实质性变化。强调减排能力时，广东、江苏、山东、浙江等经济强省分摊比重较高；而强调减排道义时，山东、山西、河北、辽宁等历史排放较多的省份分摊比重较高。多次变换权数结构发现，省区间减排责任比重的差异随时间推进均呈缩小态势，暗示很长时期后，省区间责任分摊也许可以采取省区平均的形式，但目前责任分摊必须体现省区差异。

3. 根据我国 2020 年碳排放强度目标，由依据变异系数法确定的客观权数计算了 2006—2020 年各省区分摊减排绝对量，得出：2006—2020 年全国累计应减少 885.63 亿吨碳排放量，山东省分摊到的减排任务最多，占全国总量的 8.68%，其次是广东、江苏、河北、河南等；青海分摊最少，其次为海南、宁夏，后三者占全国的比重均低于1%。将 2006—2011 年各省区减排实际完成情况与这些年份的分摊结果进行比较发现，宁夏、海南、青海等省区减排完成情况最差，河北、黑龙江、江苏、江西、甘肃等省区基本完成了减排任务，而山西、辽宁等省区完成情况最好。

4. 针对地区间的差异性，我们认为应因地制宜，有针对性地制定节能减排政策。完成减排任务较好的地区中，山西、辽宁等煤炭资源富裕大省的工作重点应从能源效率着手，提高煤炭的开采效率和使用效率；而天津、江苏等省一方面应对其它地区进行资金、技术与人才支持，另一方面应继续推进自身产业升级，加大科研力度，发挥科技在低碳发展中的重要作用。未完成减排任务的地区中，广东、北京等发达地区今后减排工作的重点应放在倡导绿色低碳消费方式上；而宁夏等减排任务完成最差的省份则应把减排重点放在降低碳排放强度上；广西、陕西等西部地区则要承接东部先进的科技和管理经验，不能再作为东部污染的转移地。

第6章
碳减排责任分摊对地区发展的影响研究

第5章通过设计省区碳减排责任分摊模型，计算了各省区分摊比重，并将我国2020年总体减排目标进行了地区分摊。本章进一步探讨，上述分摊方案将对各省区经济社会发展产生何种影响？借助计量经济模型与情景模拟方法，分别从经济增长、税收、产业结构、能源消费结构、贸易结构等多方面展开分析，并结合地区差异，给出实现全国减排目标的对策建议。

6.1 责任分摊对地区经济增长的影响

CO_2 排放量增长，是经济发展的内在伴随结果。我国各地区的经济增长冲动，是造成近年来 CO_2 排放总量快速增长的主要动因。如果无法彻底摆脱既有的粗放型经济发展模式，则限制地区 CO_2 排放势必影响其经济增长速度。本节将使用计量模型，就第5章确定的减排责任分摊方案对 2013—2020 年各地区经济增长造成的影响进行模拟与预测。

6.1.1 方法说明

归根结底，碳排放增长是人类使用碳基能源造成的。鉴于碳基能源是经济增长的重要投入要素，以下构建包括碳排放[①]的生产函数：

$$Y_i = A_i L_i^{\alpha} K_i^{\beta} C_i^{\gamma_i} \qquad (6.1)$$

其中，Y_i 为第 i 个省区的地区生产总值，L_i 为第 i 个省区的（年中）就业人数，K_i 为第 i 个省区的物质资本存量，C_i 为第 i 个省区的碳排放量。简化起见，假定各省区的劳动产出弹性 α 与资本产出弹性 β 相同，仅专注考察碳排放（能源）产出弹性 γ_i 的地区差异。

对式（6.1）取对数，得：

$$LnY_i = LnA_i + \alpha LnL_i + \beta LnK_i + \gamma_i LnC_i \qquad (6.2)$$

式中，γ_i 表示给定劳动和资本要素投入不变的情况下，该省区碳排放量变动 1% 会使其经济总量变动 γ_i 个百分点。

得到了各省区碳排放产出弹性系数 γ_i 后，即可计算出 2013-2020 年各省按分摊到的减排量实施减排所造成的经济损失量 ΔGDP_{it}：

$$\Delta GDP_{it} = \gamma_i \times \frac{\Delta C_{it}}{C_{it}} \times GDP_{it} \qquad (6.3)$$

其中，GDP_{it} 为第 i 个省区 t 年的地区生产总值预测值，ΔC_{it} 为第 5 章计算的该省区 t 年分摊减排量，C_{it} 为第 i 个省区 t 年的碳排放量预测值（由 GDP_{it} 与各省区 2005 年碳排放强度相乘得到，其反映未实施减排政策时的碳排放量）。

最后，根据 ΔGDP_{it} 即可得出第 i 个省区 t 年由于碳减排所导致经济增长速度的下降幅度：

[①] 更准确地讲，其实质上是引入能源投入作为解释变量。由于能源投入与碳排放之间具有密切的线性关系，因此用碳排放也可以有效揭示同一问题。而且，其有利于反映碳排放与经济增长之间的直接数量关系，从而为评估减排造成的经济影响提供依据。

GDP_{it}增速的下降幅度＝

$$(\frac{GDP_{it}}{GDP_{i(t-1)}}-1)-(\frac{GDP_{it}-\Delta GDP_{it}}{GDP_{i(t-1)}-\Delta GDP_{i(t-1)}}-1) \qquad (6.4)$$

6.1.2　数据处理

本节分析需要构建我国 30 个省区（由于数据缺失严重，未包含西藏）的面板数据，具体情况如下：

1.产出 Y。使用生产法的地区生产总值数据。该数据基于各类官方统计资料：主要取自《中国国内生产总值核算历史资料 1952—2004》和近期《中国统计年鉴》。为剔除价格变化影响，均以 1990 年价格表示。

2.劳动投入 L。理论上，劳动投入应该用标准劳动强度的劳动时间衡量。但我国官方统计无法提供这类数据。本研究采用年中从业人员[①]作为劳动投入的代表指标。官方统计直接提供年末从业人员数，通过简单平均可以计算相应年中数据。

3.资本投入 K。资本投入是直接或间接构成生产能力的物质资本存量。在我国，物质资本存量没有现成的官方数据。本研究所用固定资本存量，借鉴肖红叶等（2005）、郝枫等（2009）的做法，根据 OCM-PIM 估算。为提高估算质量，实际构建了 1952—2012 年资本存量序列，并调整为 1990 年价格表示的年中 K 数据。

4.其他数据。各省 2005 年碳排放强度，采用第 3 章的计算结果。2013—2020 年 GDP_{it} 预测值，以及该时期各省区的减排分摊量 ΔC_{it}，均采用第 5 章的计算结果。

[①] 需要指出，现行的社会从业人员指标对流动人口从业人员统计并不充分。改革开放以后中心城市吸引众多外来人口就业，尤其 1990 年以后规模比较庞大，这会给分析带来某种偏差。因此，在获得更好数据信息之后，有必要与现有结果进行比较和修正。

6.1.3 结果分析

1. 碳排放对各省区经济总量的弹性系数

使用 1995—2012 年 30 省区面板数据，采用 Pooled EGLS（Period weights）方法估计如下的面板数据部分变系数模型：

$$LnY_{it} = LnA_i + \alpha LnL_{it} + \beta LnK_{it} + \gamma_i LnC_{it} + u_{it} \qquad (6.5)$$

模型估计结果显示，拟合效果良好，所有变量均在 5%显著性水平下通过 t 检验。而且结果显示，该生产函数表现出轻微的规模报酬递增特征：劳动产出弹性 $\alpha=0.32$，资本产出弹性 $\beta=0.69$，30 个省区碳排放产出弹性平均值为 0.055。

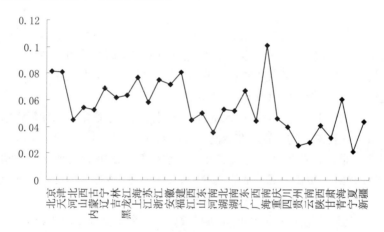

图 6.1　各省区碳排放产出弹性

各省区碳排放产出弹性系数 γ_i 估计结果见图 6.1。显而易见，各地区碳排放产出弹性系数差异较大。其中，系数较高的省份多数为沿海或经济发达地区，限制碳排放对这些地区的经济影响相对较大；而多数西部或内陆地区系数较低，表明减少碳排放对这些地区经济造成的影响相对较小。这似乎意味着发达地区对能源的依赖性更强，对此可做如下猜想：发达地区能源利用效率高，因此能源投入增加带来的增长更大，相应能源投入减少带来的损失也更惨重。在国际比较视野下，这种猜想已经得到一定支持，如美国能源利用效率很高，但其能源依赖性同样很高。

2. 减排导致经济增长速度下降幅度

根据上面估计的弹性系数及式（6.3）和式（6.4），如果 2013-2020 年各省区按第 5 章分摊到的减排量实施减排，则其导致的经济增长速度下降幅度见表 6.1。

横向比较来看，减排责任分摊对海南、北京、广东、福建、浙江、上海几个地区的经济增长速度影响较大。以 2013 年为例，这 6 个地区减排责任分摊导致其经济增速的下降幅度均超过 0.3 个百分点。分析原因：一是因为这些地区碳排放对经济总量的弹性系数较大，二是因为其分摊减排绝对量相对本地区碳排放量来说比例较高。因此，要实现分摊减排总量，这些地区将付出较大的经济代价。而减排责任分摊对贵州、宁夏、甘肃、云南、山西、内蒙古等省份的经济增长速度影响相对较小。

尽管减排责任分摊对各地区经济增长速度的影响不尽相同，但纵向来看，2013—2020 年绝大多数地区经济增长速度下降幅度逐年缩小，表明减排对经济增长的影响呈弱化趋势。其中海南的变化幅度最为明显，由 2013 年的 0.7674%下降到 2020 年的 0.2549%。这充分说明，虽然短期内减少碳排放要以牺牲经济增长作为代价，但长期来看减排不仅不会对经济造成过大损失，而且会更有利于我国经济增长模式的转变，加快低碳经济的发展，促进资源节约型和环境友好型社会的建立。因此，中国现阶段必须通过政府力量控制碳排放增长。但由于地区差异的存在，在制定减排政策时，需通盘考虑减排对各地区经济发展的影响，才能真正实现我国总体减排目标。

表 6.1 责任分摊导致地区经济增长速度的下降幅度　单位：%

	2013	2014	2015	2016	2017	2018	2019	2020
北京	0.5190	0.4924	0.4558	0.4216	0.3893	0.3587	0.3298	0.3023
天津	0.2773	0.2424	0.2150	0.1900	0.1669	0.1458	0.1262	0.1082
河北	0.1209	0.1052	0.0910	0.0777	0.0654	0.0540	0.0435	0.0339
山西	0.0715	0.0602	0.0506	0.0419	0.0339	0.0267	0.0203	0.0144
内蒙古	0.1040	0.0888	0.0755	0.0631	0.0517	0.0412	0.0317	0.0232
辽宁	0.1493	0.1338	0.1209	0.1092	0.0986	0.0888	0.0797	0.0713
吉林	0.1848	0.1591	0.1375	0.1171	0.0983	0.0810	0.0651	0.0507
黑龙江	0.1805	0.1576	0.1400	0.1240	0.1094	0.0960	0.0836	0.0721
上海	0.3827	0.3605	0.3330	0.3072	0.2829	0.2598	0.2378	0.2170
江苏	0.2328	0.2167	0.1990	0.1825	0.1670	0.1524	0.1387	0.1258
浙江	0.3984	0.3775	0.3476	0.3187	0.2910	0.2644	0.2390	0.2147
安徽	0.2054	0.1827	0.1628	0.1448	0.1283	0.1131	0.0991	0.0862
福建	0.4254	0.3944	0.3609	0.3297	0.3006	0.2734	0.2480	0.2243
江西	0.1616	0.1466	0.1329	0.1203	0.1088	0.0982	0.0883	0.0791
山东	0.1488	0.1360	0.1231	0.1107	0.0990	0.0879	0.0774	0.0675
河南	0.1059	0.0944	0.0846	0.0755	0.0669	0.0588	0.0512	0.0441
湖北	0.1773	0.1567	0.1404	0.1254	0.1115	0.0986	0.0867	0.0755
湖南	0.1637	0.1501	0.1372	0.1256	0.1151	0.1055	0.0966	0.0885
广东	0.4270	0.3982	0.3669	0.3373	0.3091	0.2824	0.2570	0.2330
广西	0.1806	0.1663	0.1508	0.1363	0.1227	0.1101	0.0982	0.0871
海南	0.7674	0.6932	0.6094	0.5290	0.4530	0.3818	0.3158	0.2549
重庆	0.1695	0.1469	0.1299	0.1142	0.0997	0.0864	0.0741	0.0627
四川	0.1504	0.1313	0.1179	0.1056	0.0944	0.0840	0.0744	0.0656
贵州	0.0464	0.0381	0.0319	0.0263	0.0213	0.0169	0.0129	0.0093
云南	0.0690	0.0605	0.0541	0.0482	0.0429	0.0379	0.0333	0.0291
陕西	0.1192	0.1036	0.0891	0.0757	0.0633	0.0520	0.0416	0.0323
甘肃	0.0821	0.0701	0.0594	0.0496	0.0406	0.0325	0.0251	0.0185
青海	0.2502	0.2138	0.1780	0.1450	0.1152	0.0884	0.0647	0.0437
宁夏	0.0442	0.0377	0.0312	0.0252	0.0197	0.0147	0.0102	0.0063
新疆	0.1227	0.1053	0.0898	0.0754	0.0622	0.0500	0.0390	0.0291

6.2　责任分摊对地区税收收入的影响

　　减少碳排放，措施之一是控制高耗能高污染行业的过度扩张，加快淘汰落后生产能力，关停并转一些能源和排放密集型的小企业。这样一来，地方政府的税收收入就会明显减少，直接影响其减排积极性。为考察各地区实施减排措施的动力大小，本节试图探讨减排责任分摊对地区税收收入的影响，并对其地区差异进行简要分析。

6.2.1　责任分摊给地区税收带来的绝对损失

表 6.2　责任分摊给地区税收收入带来的绝对损失量　单位：亿元

省份	2013	2015	2017	2019	2020	省份	2013	2015	2017	2019	2020
北京	72	102	136	174	194	河南	7	10	14	19	22
天津	18	28	40	57	67	湖北	10	16	22	30	35
河北	9	13	17	22	25	湖南	9	13	18	25	29
山西	4	5	7	9	10	广东	112	163	223	293	332
内蒙古	5	7	10	13	15	广西	6	10	14	19	21
辽宁	20	29	40	54	61	海南	12	18	24	32	37
吉林	6	10	13	18	20	重庆	8	12	17	25	29
黑龙江	10	14	19	25	28	四川	14	21	30	42	49
上海	77	109	144	184	206	贵州	1	2	3	4	4
江苏	52	77	106	142	163	云南	4	5	8	10	12
浙江	60	87	118	154	173	陕西	5	8	12	16	18
安徽	14	20	29	39	45	甘肃	1	2	3	4	4
福建	33	50	71	96	111	青海	1	2	3	4	5
江西	7	10	14	19	22	宁夏	0	0	1	1	1
山东	21	31	43	56	64	新疆	3	5	7	9	10

首先，利用《中国统计年鉴》数据计算 2008—2012 年各地区税收收入占国内生产总值（GDP）的比重，发现各地区该比重的年度变化较小，比较稳定。故采用各地区 2008—2012 年 5 年的平均比重，作为 2013—2020 年该地区税收收入占国内生产总值（GDP）比重的代表值。然后，将该比重乘以 6.1 节计算的 2013—2020 年减排责任分摊对各省区经济损失量 ΔGDP_{it}，得到减排责任分摊对各地区税收收入带来的绝对损失量。简要计算结果见表 6.2 和图 6.2。

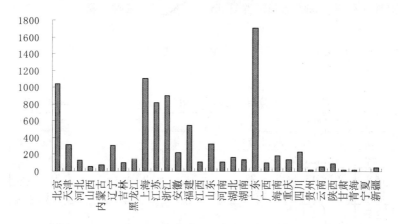

图 6.2　责任分摊对各地区 2013-2020 年税收收入的累计损失量

结果显示，减排责任分摊给广东省税收收入带来的损失最大，2013—2020 年的累计税收损失量为 1706 亿元，远远高于其余省份。另外，上海、北京，浙江、江苏、福建等沿海经济发达地区的税收损失也较高，一定程度上会影响其减排积极性。因此，对于这些地方政府来说，他们往往没有足够动力实施减排政策。而宁夏、甘肃、青海、贵州、新疆等西部地区减排的税收损失相应较小，对其减排积极性的影响不是很大。

纵向来看，2013—2020 年，各地区税收收入的损失量逐年递增，年均增长速度均在 15%以上。其中，天津、重庆的年均增长速度超过了 20%，表明这些地区减排的财政损失增长较快。

6.2.2　责任分摊给地区税收带来的相对损失

以上计算和分析了减排责任分摊给地方税收带来的绝对损失量，为更好地说明减排责任分摊对地区税收的影响，下面对其相对损失比率进行计算与分析。方法是：首先采用各地区 2008—2012 年税收收入占国内生产总值（GDP）的平均比重，作为 2013—2020 年该地区税收收入占国内生产总值（GDP）比重的代表值，将其乘以各省 2013—2020 年的国内生产总值（GDP）预测值（采用第 5 章的预测结果），得到 2013—2020 年的税收收入预测值；然后用 6.2.1 中计算的税收绝对损失量除以此税收收入预测值，进而得到 2013—2020 年各地区税收相对损失比率，计算结果见表 6.3。

表 6.3　责任分摊给地区税收带来的相对损失比率　　　单位：%

省份	2013	2015	2017	2019	2020	省份	2013	2015	2017	2019	2020
北京	3.65	4.50	5.22	5.83	6.10	河南	0.73	0.89	1.02	1.12	1.16
天津	1.98	2.37	2.68	2.91	3.00	湖北	1.26	1.52	1.73	1.90	1.96
河北	0.84	1.02	1.15	1.24	1.27	湖南	1.20	1.45	1.66	1.84	1.92
山西	0.56	0.66	0.73	0.77	0.79	广东	2.87	3.55	4.13	4.60	4.81
内蒙古	0.66	0.80	0.90	0.97	0.99	广西	1.27	1.56	1.79	1.97	2.05
辽宁	1.13	1.36	1.54	1.69	1.76	海南	4.88	6.00	6.83	7.42	7.63
吉林	1.24	1.51	1.70	1.82	1.87	重庆	1.19	1.43	1.61	1.75	1.80
黑龙江	1.38	1.65	1.86	2.02	2.08	四川	1.08	1.30	1.47	1.61	1.67
上海	2.68	3.31	3.84	4.29	4.49	贵州	0.38	0.44	0.48	0.51	0.52
江苏	1.61	1.98	2.29	2.55	2.66	云南	0.50	0.61	0.69	0.75	0.78
浙江	2.67	3.32	3.87	4.31	4.50	陕西	0.84	1.01	1.13	1.21	1.24
安徽	1.56	1.87	2.11	2.29	2.37	甘肃	0.61	0.73	0.81	0.86	0.88
福建	2.93	3.59	4.14	4.59	4.79	青海	1.71	2.05	2.28	2.42	2.45
江西	1.18	1.43	1.64	1.80	1.87	宁夏	0.28	0.34	0.38	0.40	0.41
山东	1.01	1.24	1.43	1.58	1.64	新疆	0.83	1.00	1.13	1.21	1.23

结果显示，尽管碳减排责任分摊给广东省税收带来的绝对损失量最大，但其相对损失比率并非最高。税收的相对损失比率最高的为海南，主要是因为其税收总量相对较小。另外，北京、上海、浙江、福建等沿海经济发达地区的税收相对损失比率也较高。考虑到这些发达省区的经济发展水平已较高，人们对生态环境的重视程度也随之提高，未来为了减少碳排放而适当牺牲一点经济增长速度和税收收入，是可以承受的。而宁夏、贵州、云南、山西等地区减排的税收相对损失比率较小，对其减排积极性的影响不大。总体来看，除海南、青海等个别省份外，税收绝对损失较高的省份，其相对损失比率一般也较高。

6.3　责任分摊对地区其他方面的影响

减排责任分摊除了对地区经济增长和税收产生较大影响外，还会对地区产业结构、能源消费结构、对外贸易结构等方面产生重要影响。由于数据限制，目前尚难以对这几方面进行有效的预测与模拟。故以下仅对这几个方面进行简要的定性分析。

1. 对产业结构的影响。工业是国民经济中碳排放最多的产业。因此，为完成减排任务，各地区会加大查处力度，清除一些高能耗、高污染的工业企业，提高工业内某些高耗能行业的进入门槛。同时优先发展科技含量高、低耗能、低污染的行业，利用高技术产业改造传统产业。这势必会降低工业，尤其是重化工业产值比重，改变产业结构重型化的现状。这样，对于工业产值比重较高的中西部地区来说，减排对其产业结构的影响可能相对更大。

在降低工业产值比重的同时，各地区会加快发展第三产业，以实现减排目标。总体来看，减排责任分摊将有利于各地区产业结构的合理变动。但受各种因素的制约，这种结构变动在短期内很难实现。只有经过一段时期后，效果才会逐渐显现。

2. 对能源消费结构的影响。在各类能源中，化石能源的使用是造成碳排放的最主要原因，其次是生物质能；而新能源及可再生能源，包括太阳能、风能和水能的使用，碳排放几乎为零。

化石能源在能源消费结构中所占的比例越高，单位能耗带来的碳排放量就越大。因此，为完成减排任务，各地区必须调整能源消费结构，降低化石能源比重。然而，由资源禀赋决定的各地区能源消费结构长期以来没有发生明显改变，尤其是山西、河北、内蒙古等产煤大省，长期以煤炭为主。作为其最安全、最可靠的能源，煤炭在短期内不会被其他能源所替代。但是，长期来看，要实现减排目标，各地区必然会加大力度发展新能源，包括风能、水电、核能等，从根本上切断碳排放的根源。

西北、华北、东北等风能资源丰富的地区，应逐步推进风电建设，加快风能资源的开发利用，风能在能源消费结构中所占比重将有所上升；而青海、新疆、甘肃、内蒙古等太阳能资源丰富的地区，会加快太阳能热发电项目的建设，相应降低火力发电比重。长远来看，减排责任分摊将使得煤炭资源丰富地区的煤炭消费比重有大幅下降。

3. 对贸易结构的影响。改革开放以来，对外贸易的快速发展使我国成为全球经济的重要组成部分，同时也使得我国能源消费和碳排放量迅速增加。其主要原因是我国对外贸易结构不合理，出口以能源密集型工业产品为主。因此，为减少碳排放总量，措施之一是调整进出口贸易结构，减少能源密集型产品的出口比例，这一措施对于各省区来说同样适用。

另由第3章分析可知，随着我国省际贸易规模的不断扩大，贸易隐含碳排放随之迅速增加。尤其是山西、河北、辽宁等能源富裕地区，目前正处于承接东部产业转移、发展加工贸易的阶段，通过省际贸易大量输出能源密集型产品，其资源和环境问题显得尤为突出。碳减排责任分摊，将促使这些地区减少能源密集型产品的输出比例，对其改善国内贸易结构也构成了有力约束。

6.4　本章小结

　　为实现全国减排目标，各省区需要在全国协调的框架下对碳减排任务进行分摊。尽管第 5 章设计的分摊方案基于"共同环境责任原则"，并力求综合体现各地区差异，兼顾了减排能力和减排道义两方面，但其对各省区未来经济发展的潜在影响仍不尽相同。

　　本章分析结果进一步证实，全国减排目标的实现，需要各省区在经济增长方式、贸易结构、能源结构等诸方面做出实质性转变。但考虑到各省区的发展差异，为消化自身分摊到的减排压力，将所受不利冲击降到最低，各省区需要从自身资源禀赋与发展阶段特征出发，选择最优的调整路径。

　　各地区应因地制宜，有针对性地选择节能减排措施。北京、上海等发达地区应大力倡导绿色低碳消费方式，从消费源头上减少对中西部高碳排放产品的需求诱导。江苏、山东、广东等东部发达省区，应继续推进自身产业升级，加大科研力度，发挥科技在低碳发展中的重要作用。此外，上述发达地区也应对中西部地区进行资金、技术与人才支持，以推动全国减排总体目标实现。

　　同时，中西部地区也不能继续依靠能源密集型产品的大量输出来换取经济高速增长，不能再作为东部落后产能的转移地，而是要承接东部先进的科技和管理经验。山西、河北等煤炭资源富裕大省仍应从能源效率着手，提高煤炭的开采效率和使用效率，并逐渐由煤炭支配的单一能源结构转向更为合理的多样性能源结构。中西部地区必须大力调整贸易结构，推动贸易发展从能源密集型产品向资金和技术密集型产品的转变。同时加快节能技术的推广与应用，提高服务业、农业等部门的出口比例，实现产业结构升级和经济发展模式转型。

第7章

结论与展望

本章对全书主要结论进行总结与提炼，明确相应的政策空间，并对该领域进一步研究方向进行展望。

7.1 研究结论

本研究致力于对我国省区间碳减排责任分摊问题进行研究。首先对碳排放及减排责任分摊有关理论进行了回顾，为随后的实证研究提供理论依据。随后，第 3 章到第 6 章逐层递进地对"碳排总量与强度测算""碳排放影响因素分析""省区减排责任分摊""减排责任分摊影响"等四方面展开分析。通过以上分析，得到如下几方面主要研究结论。

7.1.1 各省区碳排放总量与强度分析结论

1. 生产隐含碳排放总量与强度。我国生产碳排放总量呈逐年上升趋势，2002 年之前增长缓慢，2002 年后增长速度明显加快。对此变化，扩大内需的宏观经济政策导致高耗能行业生产的过度扩张，以及出口迅速增加都是重要原因。横向比较发现，我国碳排放强度远高于世界发达国家，甚至高于一些发展中国家。较高的碳排放强度，表明我国节能减排潜力较大。省区层面，山西、宁夏远高于其余省份，减排压力巨大。行业层面，工业碳排放强度最高，主导着我国总体碳排放强度的变化趋势。历史地看，1995—2011 年累计生产隐含碳排放最多的是山西、山东两省，能源富裕地区和制造业基础较好的省份累计碳排放较多，而人口稀少或工业不发达地区相应较少。

2. 碳排放转移。随着各地区经济开放度提高，2007 年全国省际间调入调出碳排放总量较 2002 年有显著增加，几乎为 2002 年的 3 倍。能源富裕省份碳排放调出量较大，而沿海或经济发达地区调入量则较大。从净调出来看，山西净调出量最多，为其他地区能源密集型产品消费做出了巨大贡献，属于能源环境的受损者。因此，国家在确定地区节能减排责任时，应充分考虑各地区的实际生产与消费情况。考察转移比例发现，2007 年与 2002 年相比，省内碳排放转移比例减少，省际转移比例增加，表明我国国内市场一体化程度显著提高。从区域间流向来看，2007 年与 2002 年大体相同，碳排放转移主要发生在大区内部省份之间；不同的是，各地区都增加了与上海、江苏、浙江、广东的碳排放转移。

3. 消费隐含碳排放总量与强度。我国消费隐含碳排放总量变动趋势与生产隐含碳排放大致相同，但其长期小于生产隐含碳排放，且差距逐年拉大。其表明，我国出口隐含碳排放越来越多，发达国家对我国的"碳泄漏"问题越来越严重。因此，我国应果断转变出口模式，减少高能耗产品的出口。从各地区来看，山西、辽宁、内蒙古、山东等省消费与生产隐含碳排放差异较大。故在确定地区节能减排责任时，应充分考虑各地区生产和消费隐含碳排放的差异，以体现责任分摊的公平性。

7.1.2 碳排放影响因素分析结论

经济总量、碳排放强度、资源禀赋、工业化等因素对碳排放总量均有一定程度的影响，而产业结构、能源消费结构、能源强度、技术进步等因素又在一定程度上影响碳排放强度，进而影响碳排放总量。本研究运用 LMDI 方法就碳排放总量关键影响因素的作用机制进行了分解分析，发现：

1. 行业层面分解。结果显示，1985—1990 年、1990—1995 年及 2000—2005 年，我国 CO_2 排放总量增幅较快，其余阶段相对较慢。国内生产总值（GDP）和工业出口外贸依存度是碳排放增长的两大正向影响因素。工业能源强度的下降，则在很大程度上抑制我国碳排放总量的上升。能源结构、产业结构和非工业能源强度对碳排放贡献不大。

2. 地区层面分解。结果显示，地区碳排放增长速度虽然与行业分解不同，但其变动趋势基本一致。从各因素来看，国内生产总值（GDP）仍是碳排放增长的最大正向影响因素，进一步证明 CO_2 排放量增长是经济发展的伴随结果。因此，在当前粗放型的经济发展模式下，减排与经济发展存在两难冲突，必须协调好减排与经济增长的关系，才能实现可持续发展。其他影响因素中，能源强度是碳排放增长的最大制约因素，而能源结构和地区产值结构变动对碳排放增长的影响较小。因此，短期来看，重点应通过降低行业（尤其是工业）及各地区能源强度（尤其是中西部地区）来控制 CO_2 排放的增长速度。

7.1.3　碳减排责任分摊研究结论

1. 不同分摊原则对分摊比重有重要影响。山西、内蒙古、辽宁等地区生产者责任视角下的减排比重明显高于消费者责任视角下的比重，而北京、天津、上海等地区则相反。单纯依据生产者责任原则或消费者责任原则，对上述省区均有失公平。由于"共同环境责任原则"的分摊比重介于二者之间，故依据该原则进行责任分摊，对于贸易隐含碳排放净调出或净调入量巨大的地区是一种更公平的选择。其既有利于消费地选择低碳的消费模式，也有利于生产地采用低碳的生产方式，对实现全国总体减排目标大有裨益。

2. 分摊模型的设计及权数的讨论。本研究综合考虑各地区的减排道义和减排能力指标，在"共同环境责任原则"下，设计了以各地区累计综合碳排放量比重和国内生产总值（GDP）比重为基础指标的省际减排责任分摊模型。前者体现减排道义，后者体现减排能力。通过考察两个指标的权数变化对分摊结果的影响发现：较小的权数变动对分摊结果影响不大，但当政策明显偏好于某个指标，即权数发生较大变动时，分摊结果将发生实质性变化。强调减排能力时，广东、江苏、山东、浙江等经济强省分摊比重较高，而强调减排道义时，山东、山西、河北、辽宁等历史排放较多的省份分摊比重较高。通过反复变换权数结构发现，省区间减排责任比重的差异随时间推进呈缩小态势。其暗示在很长时期后，省区间责任分摊也许可以采取各省区一致的形式，但目前责任分摊必须体现省区差异。

3. 责任分摊及减排进展情况。根据我国 2020 年碳排放强度目标，计算 2006—2020 年各省区分摊减排绝对量发现：山东省分摊到的减排任务最多，其次是广东、江苏、河北、河南等省份，青海分摊最少。将 2006—2011 年各省区减排完成情况与其分摊结果进行比较发现，宁夏、海南、青海等省区减排完成情况最差，河北、黑龙江、江苏、江西、甘肃等省区基本完成减排任务，而山西、辽宁等省区减排完成情况最好。

7.1.4　责任分摊对地区发展所造成的影响

1. 对地区经济增长的影响。减排责任分摊对海南、北京、广东、福建、浙江、上海等省区的经济增长速度影响较大，对贵州、宁夏、甘肃、云南、山西、内蒙古等省份的影响相对较小；纵向来看，2013—2020 年，减排对绝大多数地区经济增长有减缓作用，表明短期内减少碳排放可能会以牺牲经济增长作为代价。但长期来说，减排不会对经济造成过大损失，而会更有利于我国经济增长模式的转变。

2. 对省区税收收入的影响。减排责任分摊给广东省税收收入带来的绝对损失量最大，上海、北京及浙江、江苏、福建等沿海经济发达地区的税收绝对损失量也较高，很大程度上会影响其减排积极性。而宁夏、甘肃、青海、贵州、新疆等西部地区减排的税收绝对损失量相应较小。计算税收相对损失比率发现，相对损失比率最高的为海南，其次为北京、上海等。总体来看，除海南、青海等个别省份外，税收绝对损失较高的省份，其相对损失比率一般也较高。

3. 对其他方面的影响。为完成减排任务，各地区应严格控制高耗能行业的过度扩张，降低第二产业比重，加快发展第三产业。因此，减排责任分摊将有利于各地区产业结构的优化；同时，各地区将积极发展新能源，降低煤炭等化石能源消费比重，也有利于能源消费结构的转变；为减少碳排放，能源富裕地区还将推动外贸发展从能源密集型产品向资金和技术密集型产品的转变，减少能源密集型产品的输出比例，促进对外贸易结构的优化升级。

7.2 对策建议

驱动 CO_2 排放量增长的因素涉及经济发展、产业结构、能源禀赋、技术水平、人口等诸多方面，故减少碳排放必将是一项艰巨且复杂的系统工程。根据以上分析结论，下面依次由"谁来减""减多少""如何减"等密切联系的三方面展开讨论，以期为我国实现节能减排目标提供参考。

7.2.1 谁来减

全球气候变暖和频发的自然灾害，一再给人类社会敲响警钟。过度开发自然资源，使资源环境背负无力承担之重的发展模式必须摒弃。减少温室气体排放刻不容缓，对此国际社会已经形成了广泛的共识。尽管对"必须减"少有异议，但就"谁来减"则分歧严重。国家间碳减排责任分摊，始终是国际气候谈判的核心难题。

一方面，发展中国家呼吁发达国家正视历史事实，为其工业化过程中累积的巨量碳排放负责。另一方面，发达国家则强调以当前碳排量为依据，要求发展中国家承担更多减排责任。《京都议定书》第一承诺期内（2008—2012 年）内，签约的发达国家并未完成其减排任务。围绕《京都议定书》第二减排承诺期的国际谈判已经破产，迫使人们深刻反思全球碳减排责任分摊的游戏规则。

有鉴于此，构建"后京都时代"的国际气候变化政策框架时，必须提出更具合理性和可行性的分摊方案。其必须兼顾各国的减排能力和减排道义两方面，并充分考虑历史原因造成的国家差异。发达国家具有更强的减排能力，且其应为历史上累计的大量碳排放承担相应责任，理应主动承担更大的减排义务，而非逃避推诿。发展中国家能源利用效率较低，通过改进生产技术具有更大的减排潜力，也要在能力范围内积极淘汰落后生产方式，减少碳排放。从减排道义看，发展中国家为提高人民生活水平，在较长时期内持续提高碳排放量具有合理性，其体现基本的发展权，发达国家不应对此横加干涉。确定减少碳排放的时间进程时，要给发展中国家留出适当的缓冲期。

全人类的生存希望寄于同一艘诺亚方舟，只有同舟共济才是生存之道。发达国家不应通过"碳泄漏"和国际贸易转移国内减排压力，而应通过开发新技术降低碳排放、并通过资金与技术援助带动发展中国家减少碳排放。发展中国家也不应重走发达国家"先污染、后治理"的老路，而应从中汲取教训，探索人与自然和谐发展的新模式。同时，以联合国为首的各种国际组织，应为推动世界各国的减排合作提供更有效的外部环境与协调机制。

与此类似，对我国而言，面对日益严峻的资源与环境压力，经济发展方式转变刻不容缓。为实现总体减排目标，同样离不开各地区协同配合。党的"十八大"报告提出的"坚持共同但有区别的责任原则、公平原则、各自能力原则"，已为我国地区减排责任分摊指明方向。东部发达地区具有更强的减排能力，中西部地区则有更大的减排潜力，必须统筹规划、协同配合，才能有力保证全国整体减排目标的实现。合理界定各地区减排责任、制定公平有效的减排责任分摊方案，既充分保障欠发达地区的发展权，又能充分调动发达地区的减排积极性，达成使各地区积极参与的减排协议，是我国中央政府和高层决策者必须重视的当务之急。

7.2.2　减多少

与谁来减相比，减多少更多是一个技术问题，其主要应由科学家计算确定。然而，由于其攸关人类社会短期与长期发展的权衡，其并非单纯的科学问题，也涉及到效率与公平等经济学与社会学问题。换言之，减多少一方面要考虑自然环境的承载能力，同时也要考虑人类社会的发展需要，需要在二者之间做出折中。

根据我国政府制定的"2020 年单位 GDP 碳排放强度在 2005 年基础上降低 40%—45%"的减排目标，本研究测算我国 2006—2020 年全国累计应减少碳排放量 885.63 亿吨。按照第 5 章的方案将其在各省区之间进行分摊：山东省分摊到的减排任务最多，占全国总量的 8.68%，其次是广东；青海分摊最少，其次为海南、宁夏，三省占全国的比重均低于 1%。

针对各省区减排任务与实际减排完成情况之间的差距，可以考虑两类协调机制：一种是借鉴欧美发达国家企业间的碳排放权交易制度，建立类似区域间碳排放权交易平台，使各省区调剂余缺，从而在控制减排总量的前提下提高效率。另一种是将短期考评与长期考评相结合，允许各地区在不同年份之间调剂碳排放余缺，以减弱由于突发外生冲击导致的减排压力，改善长期减排效果。

7.2.3　如何减

鉴于影响碳排放的因素众多，减少碳排放应多管齐下。以下主要从生产技术、经济结构和制度保证三方面说明。

1. 技术进步是实现我国碳减排目标的核心措施。鼓励企业加大研发投入，采用先进的生产技术和管理经验；加大对中西部地区的科技投入，在降低煤炭消费比重的同时，努力提高其煤炭利用效率、发展洁净煤技术，开展清洁生产工艺技术的示范和推广，提高能源利用效率；积极引导对太阳能、风能、地热等清洁能源的开发与利用；严格监控企业按照国家规定治理排污，从生产源头上减少碳排放。大力借鉴国际先进技术和经验，特别是注重在中西部地区采用更为环保的技术，突破发达国家经历的"先污染、后治理"老路，走依靠科技创新的低碳发展之路。

2. 调整经济结构是转向低碳发展模式的重要手段。（1）加快产业结构升级：加快淘汰重工业中的落后产能，大力发展技术先进的能源下游产业和生产服务业，积极发展电子信息、生物、新能源等战略性新兴产业，积极鼓励第三产业、特别是现代服务业发展。（2）加快贸易结构调整：摆脱两头在外的"世界工厂"贸易模式，提升产品的增加值和国际市场话语权；通过强化生产者与消费者共同责任理念，遏制国内贸易隐含的碳排放转移与"碳泄漏"问题升级。（3）强化区域经济协调发展：在引导生产要素跨地区流动和优化配置的同时，注重为后发地区提高项目引进的环境标准，变事后被动减排为事前积极预防。

3. 完善制度设计是确保碳减排任务实现的有力保障。（1）在法律层面，强化环境立法与执法的力度，提高高碳排和环境污染的实际处罚力度，为企业节能减排提供有效的激励。（2）在制度层面，借鉴欧美发达国家企业间的碳排放交易制度，积极探索在我国企业之间与地区之间建立类似的碳排放交易平台，在确保减排总量的前提下提高经济效率；探索合理的地区减排分摊机制，充分调动不同类型省区的积极性。（3）在社会层面，积极应对城市化进程挑战，合理规划城市发展战略，积极引导国民践行绿色低碳生活方式。

7.3 研究展望

减排责任分摊涉及经济发展、科技创新、政策制定等诸多领域，是一个复杂的系统工程。受本人研究水平和数据可得性限制，本研究还存在很多不足之处，需要在今后研究中不断改进和完善。

1. 本研究在考察省际贸易隐含碳排放量时，所用的是石敏俊等编制的 2002 年 30 省区间投入产出表和刘卫东等编制的 2007 年 30 省区间投入产出表。由于编制方法和数据资料等方面均有明显差异，两张投入产出表的可比性受到一定限制。对此，期待国家统计局尽快编制并公布官方省区间投入产出表，为完善本研究计算结果提供数据支持。

另外，受数据限制，本研究仅计算和分析了 2002 年和 2007 年 30 省区碳排放转移具体情况。其余年份省际贸易隐含碳排放量，则根据这两年转移比例矩阵推算而来，其与实际情况必然存在一定差距。今后，还需要进一步验证推算方法的合理性，以期得到更准确的数据，为该领域研究提供有益的数据参照。

2. 在省际碳减排责任分摊模型中，基础指标的选择很关键，但权数的设定在某种程度上也可以反映政策偏好。本研究分别给出三种主观权重和一种客观权重情形下的减排责任分摊结果，旨在对比分析不同权数（决策偏好）对省际分摊结果的影响。无疑，除本研究所列四种权数外，还有众多不同的权数组合。在模型实际应用时，应根据当时节能减排政策偏好选择合适的权数，实现对省际减排责任的有效分摊。

3. 本研究对 2006—2011 年各省区减排任务完成情况的计算，针对的是碳排放绝对量，可能导致各省区减排任务完成比率差异较大。后续还应进一步考察研究各省区碳排放强度的任务完成情况，以更好地为各省区节能减排政策制定提供参考依据。

4. 本研究就减排责任分摊对地区经济发展的影响进行了初步探索，简要讨论了减排对地区经济增长、税收收入等方面的影响。由于此方面参考资料相对欠缺，本研究在方法和数据方面均需要进一步完善。我们认为，减排对地区发展的影响是今后值得深入研究的重要课题之一。

参考文献

[1] 蔡继明.微观经济学[M].北京：人民出版社，2002 年.

[2] 巴罗，萨拉伊马丁.经济增长[M].北京：中国社会科学出版社，2000 年.

[3] 国家统计局.中国国内生产总值核算历史资料 1952— 1995 [M].大连：东北财经大学出版社，1997 年.

[4] 国家统计局.中国国内生产总值核算历史资料 1996—2002 [M].北京：中国统计出版社，2004 年.

[5] 国家统计局.中国国内生产总值核算历史资料 1952-2004[M]. 北京：中国统计出版社，2007 年.

[6] 国家统计局.新中国 50 年统计资料汇编[M].北京：中国统计出版社，1999 年.

[7] 国家统计局.中国统计年鉴（各期）[M].北京：中国统计出版社，历年.

[8] 国家信息中心.中国区域间投入产出表[M].北京：社会科学文献出版社，2005 年.

[9] 李善同，齐舒畅，许召元.2002 年中国地区扩展投入产出表：编制与应用[M].北京:经济科学出版社，2010 年.

[10]刘卫东，陈杰，唐志鹏.中国 2007 年 30 省区市区域间投入产出表编制理论与实践[M].北京：中国统计出版社，2012 年.

[11]陆立军，郑燕伟.东部企业"西进"的模式与行为[M].北京:中

国经济出版社，2004 年.

[12]麦迪逊.中国经济的长期表现——公元 960—2030 年[M].上海：上海人民出版社，2011 年.

[13] 平新乔.微观经济学十八讲[M]．北京：北京大学出版社，2001 年.

[14]市村真一，王慧炯.中国经济区域间投入产出表[M].北京：化学工业出版社，2007 年.

[15]斯蒂格利茨.经济学（上）[M].北京：中国人民大学出版社，2000 年.

[16]石敏俊，张卓颖.中国省区间投入产出模型与区际经济联系[M].北京：科学出版社，2012 年.

[17]肖红叶.高级微观经济学[M]．北京：中国金融出版社，2003 年.

[18]肖红叶，顾六宝，等.中国经济增长与政策选择[M].北京：中国统计出版社，2007 年.

[19]周国富.中国经济发展中的地区差距问题研究[M].大连：东北财经大学出版社，2001 年.

[20]张亚雄，齐舒畅.2002、2007 年中国区域间投入产出表[M].北京：中国统计出版社，2012.

[21]张亚雄，赵坤.区域间投入产出分析[M].北京：社会科学文献出版社，2006 年.

[22]中华人民共和国国务院新闻办公室.中国的能源政策(2012)白皮书，2012 年.

[23]白永秀.中国经济增长速度的演变趋势及相关对策[J].经济学动态，2013 年第 8 期：49-55.

[24]陈宝明.国际产业转移新趋势及我国的对策[J].中国科技论坛，2011 年第 1 期：16-19.

[25]蔡昉，都阳，王美艳. 经济发展方式转变与节能减排内在动力[J].经济研究，2008 年第 6 期：4-11.

[26]成艾华，魏后凯.促进区域产业有序转移与协调发展的碳减排目标设计[J].中国人口·资源与环境，2013 年第 1 期：55-62.

[27]陈诗一.节能减排与中国工业的双赢发展：2009—2049[J].经

济研究，2010 年第 3 期：129-143.

[28]陈诗一.中国的绿色工业革命：基于环境全要素生产率视角的解释（1980-2008）[J]. 经济研究，2010 年第 11 期：21-34.

[29]陈诗一.中国碳排放强度的波动下降模式及经济解释[J].世界经济，2011 年第 4 期:134-143.

[30]陈文颖，吴宗鑫，何建坤.全球未来碳排放权"两个趋同"的分配方法[J].清华大学学报(自然科学版)，2005 年第 6 期：850-853.

[31]陈文颖，吴宗鑫.气候变化的历史责任与碳排放限额分配[J].中国环境科学，1998 年第 6 期：481-485.

[32]陈青青，龙志和.中国省级 CO_2 排放影响因素的空间计量分析[J]. 中国人口·资源与环境，2011 年第 11 期：15-20.

[33]杜克锐、邹楚沅.我国碳排放效率地区差异、影响因素及收敛性分析——基于随机前沿模型和面板单位根的实证研究[J].浙江社会科学，2011 年第 11 期：32-43.

[34]樊纲，苏铭，曹静.最终消费与碳减排责任的经济学分析[J].经济研究，2010 年第 1 期：4-14.

[35]冯哲，方虹.国际贸易产品污染转移的理论研究[J].科技和产业，2011 年第 3 期：82-84.

[36]郝枫.价格体系对中国要素收入分配影响研究——基于三角分配模型之政策模拟[J].经济学(季刊)，2013 年第 1 期：175-206.

[37]郝枫，郝红红，赵慧卿.中国基准资本存量研究——基于首次经济普查修订数据[J].统计与信息论坛，2009 年第 2 期：7-13.

[38]郝枫，赵慧卿.中国市场价格扭曲测度:1952—2005[J].统计研究，2010 年第 6 期：33-39.

[39]龚峰景，柏红霞，陈雅敏，等.中国省际间工业污染转移量评估方法与案例分析[J].复旦学报(自然科学版)，2010 年第 3 期:362-367.

[40]郭朝先.中国碳排放因素分解：基于 LMDI 分解技术[J]. 中国人口·资源与环境，2010 年第 12 期：4-9.

[41]何琼.基于投入产出法的隐含碳测算[J].中国科技论坛，2010 年第 9 期：112-116.

[42]黄宝荣，王毅，张慧智，等.北京市分行业能源消耗及国内外贸易隐含能研究[J].中国环境科学，2012年第2期：377-384.

[43]林伯强，蒋竺均.中国二氧化碳的环境库兹涅茨曲线预测及影响因素分析[J].管理世界，2009年第4期：27-36.

[44]林伯强，刘希颖.中国城市化阶段的碳排放：影响因素和减排策略[J].经济研究，2010年第8期：66-78.

[45]林伯强，孙传旺.如何在保障中国经济增长前提下完成碳减排目标[J].中国社会科学，2011年第1期：64-77.

[46]林巍，傅国伟，刘春华.基于公理体系的排污总量公平分配模型[J].环境科学，1996年第17期：35-37.

[47]李福龙，赵景柱.我国西部能源产业集群发展研究[J].中国能源，2011年第9期：27-30.

[48]李丁，汪云林，牛文元.出口贸易中的隐含碳计算——以水泥行业为例[J].生态经济，2009年第2期：58-60.

[49]李国璋，霍宗杰.中国全要素能源效率、收敛性及其影响因素[J].经济评论，2009年第6期：101-109.

[50]李雷鸣，贾江涛.信息化与能源效率的关系研究[J].中国石油大学学报（自然科学版），2011年第5期：163-172.

[51]李磊.经济开放区域的贸易隐含碳测算及转移分析[J].上海经济研究，2012年第2期：13-23.

[52]李寿德，仇胜萍.排污权交易思想及其初始分配与定价问题探析[J].科学学与科学技术管理，2002年第1期：69-71.

[53]李寿德，黄采金，顾孟迪，等.基于排污权交易的厂商污染治理新技术投资决策的期权博弈模型[J].系统管理学报，2007年第6期：701-705.

[54]陆虹.中国环境问题与经济发展的关系分析——以大气污染为例[J].财经研究，2000年第10期：53-59.

[55]鲁炜，崔丽琴.可交易排污权初始分配模式分析[J].中国环境管理，2003年第5期：8-9.

[56]刘小敏，付加锋.基于CGE模型的2020年中国碳排放强度目

中国省区间碳减排责任分摊研究

标分析[J].资源科学，2011年第4期：634-639.

[57]刘强，庄幸，姜克隽，等.中国出口贸易中的载能量及碳排放量分析[J].中国工业经济，2008年第8期：46-55.

[58]刘红光，刘卫东，范晓梅.贸易对中国产业能源活动碳排放的影响[J].地理研究，2011年第4期:590-600.

[59]刘海啸，张晓津，曲文静.基于发展视角的各产业部门碳减排责任研究-以河北省为例[J].燕山大学学报(哲学社会科学版)，2011年第3期:123-127.

[60]刘战伟.区域全要素能源效率测算及其收敛分析——基于中国省级面板数据的实证研究[J].中国石油大学学报（社会科学版），2011年第5期：7-12.

[61]潘家华，陈迎.碳预算方案:一个公平、可持续的国际气候制度框架[J].中国社会科学，2010年第1期：6-35.

[62]潘家华，郑艳.基于人际公平的碳排放概念及其理论含义[J].世界经济与政治，2009年第10期：6-16.

[63]齐绍洲，李锴.区域部门经济增长与能源强度差异收敛分析[J].经济研究，2010年第2期：110-123.

[64]渠慎宁，郭朝先.基于STIRPAT模型的中国碳排放峰值预测研究[J]. 中国人口·资源与环境，2010年第12期：10-15.

[65]乔志林，秦向东，费方域，等.排污权交易制度有效性的实验研究[J].系统管理学报，2009年第5期：525-530.

[66]沈利生.我国对外贸易结构变化不利于节能降耗[J].管理世界，2007年第10期:43-50.

[67]宋德勇，卢忠宝.中国碳排放影响因素分解及其周期性波动研究[J]. 中国人口·资源与环境，2009年第3期：18-24.

[68]孙秀梅，周敏，綦振法.山东省碳排放演进特征及影响因素的实证研究[J].华东经济管理，2011年第7期：11-15.

[69]孙敬水，汪德兴.中国地区能源效率差异及其影响因素分析[J].技术经济与管理研究，2011年第12期：77-81.

[70]孙欣.省际节能减排效率变动及收敛性研究——基于

Malmquist 指数[J].统计与信息论坛，2010 年第 6 期：101-107.

[71]涂正革.环境、资源与工业增长的协调性经济研究[J].2008 年第 2 期：93-104.

[72]汪臻，赵定涛，洪进.消费者责任视角下的区域间碳减排责任分摊研究[J].中国科技论坛，2012 年第 10 期 a：103-109.

[73]汪臻，赵定涛.开放经济下区域间碳减排责任分摊研究[J].科学学与科学技术管理，2012 年第 7 期 b：84-89.

[74]汪俊启，张颖.总量控制中水污染物允许排放量公平分配研究[J].安庆师范学院学报（自然科学版），2000 年第 6 期：37-40.

[75]王锋，冯根福.优化能源结构对实现中国碳强度目标的贡献潜力评估[J].中国工业经济，2011 年第 4 期：127-137.

[76]王锋，吴丽华，杨超.中国经济发展中碳排放增长的驱动因素研究[J].经济研究，2010 年第 2 期：123-136.

[77]王喜平，姜晔.中国电力行业能源利用效率及收敛性分析——基于区域面板数据的 Malmquist 指数模型[J].现代电力，2011 年第 4 期：84-89.

[78]吴玉鸣，田斌.省域环境库兹涅茨曲线的扩展及其决定因素——空间计量经济学模型实证，地理研究，2012 年第 4 期：627-640.

[79]徐祥民，李宇斐."能者多劳"——应对气候变化责任分担的首要原则[J].中国政法大学学报，2012 年第 3 期：31-34.

[80]徐盈之，张赟.中国区域碳减排责任及碳减排潜力研究[J].财贸研究，2013 年第 2 期：50-59.

[81]徐盈之，邹芳.基于投入产出分析法的我国各产业部门碳减排责任研究[J].产业经济研究，2010 年第 5 期：27-35.

[82]徐盈之，管建伟.中国区域能源效率趋同性研究:基于空间经济学视角[J].财经研究，2011 年第 1 期：112-123.

[83]徐自力.排污权定价策略分析[J].武汉理工大学学报信息与管理工程版，2003 年第 5 期：126-128.

[84]肖红叶，郝枫.资本永续盘存法及其国内应用[J] .财贸经济，2005 年第 3 期：55-62.

[85]肖江文，罗云峰，赵勇.初始排污权拍卖的博弈分析[J].华中科技大学学报，2001 年第 9 期：37-39.

[86]杨晶，张阿玲，韩维建.温室气体稳定目标下部门减排责任分解方法[J].清华大学学报(自然科学版)，2011 年第 4 期：521-524.

[87]杨来科，张云.基于环境要素的"污染天堂假说"理论和实证研究[J].商业经济与管理，2012 年第 4 期：90-95.

[88]姚云飞，梁巧梅，魏一鸣.主要排放部门的减排责任分担研究─基于全局成本有效的分析[J].管理学报，2012 年第 8 期：1239-1243.

[89]姚亮，刘晶茹.中国八大区域间碳排放转移研究[J].中国人口·资源与环境，2010 年第 12 期：16-19.

[90]闫云凤，杨来科.中美贸易与气候变化─基于投入产出法的分析[J].世界经济研究，2009 年第 7 期：40-44.

[91]余慧超，王礼茂.中美商品贸易的碳排放转移研究[J].自然资源学报，2009 年第 10 期：1837-1845.

[92]袁鹏，程施.我国能源效率的影响因素:文献综述[J].科学·经济·社会，2010 年第 4 期：51-54.

[93]曾五一，庄赟.中国现代化进程的统计考察[J].中国统计，2003 年第 1 期：19-21.

[94]张迪，魏本勇，方修琦.基于投入产出分析的 2002 年中国农产品贸易隐含碳排放研究[J].北京师范大学学报（自然科学版），2010 年第 6 期：738-743.

[95]张亚雄，刘宇，李继峰.中国区域间投入产出模型研制方法研究[J].统计研究，2012 年第 5 期：3-9.

[96]张唯实.能源效率与中国经济增长关系研究[J].经济研究，2010 年第 8 期：13-16.

[97]张友国. 经济发展方式变化对中国碳排放强度的影响[J].经济研究，2010 年第 4 期：120-133.

[98]赵慧卿.中国资本市场一体化测度与利益评估[J].华东经济管理，2012 年第 5 期：73-77.

[99]赵慧卿.中国能源消费增长的驱动因素分析[J].天津商业大学

学报，2013 年第 1 期：32-36.

[100] 赵慧卿.中国能源效率地区差距及影响因素分析[J].数据分析，2013 第 6 期：59-70.

[101] 赵慧卿.我国能源消费强度及节能潜力研究[J].石家庄经济学院学报，2013 年第 10 期：52-56.

[102] 赵慧卿.我国各地区碳减排责任再考察——基于省际碳排放转移测算结果[J].经济经纬，2013 年第 6 期：7-12.

[103] 赵慧卿,郝枫.中国区域碳减排责任分摊研究——基于共同环境责任视角[J].北京理工大学学报(社会科学版)，2013 年第 6 期：27-32.

[104] 赵慧卿. 我国能源效率影响因素及"俱乐部收敛"分析[J].重庆工商大学学报，2014 年第 1 期：1-8.

[105] 赵慧卿.我国地区碳排放强度差异变化趋势分析[J].天津商业大学学报，2015 年第 2 期：34-38.

[106] 赵慧卿,郝枫.我国农业剩余劳动力流动效应分析[J].天津商业大学学报，2009 年第 7 期：47-50.

[107] 赵慧卿,周国富.中国劳动市场一体化测度与利益评估[J].经济经纬，2012 年第 4 期：136-140

[108] 赵旭峰,李瑞娥.排污权交易的层级市场理论与价格研究[J].经济问题，2008 年第 9 期：20-23.

[109] 郑长德,刘帅.基于空间计量经济学的碳排放与经济增长分析[J].中国人口·资源与环境，2011 年第 5 期：80-86.

[110] 郑立群.中国各省区碳减排责任分摊——基于零和收益DEA 模型的研究[J].资源科学，2012 年第 11 期：2087-2096.

[111] 郑立群.中国各省区碳减排责任分摊——基于公平与效率权衡模型的研究[J].干旱区资源与环境，2013 年第 5 期：1-6.

[112] 周国富,李时兴.偏好、技术与环境质量——环境库兹涅茨曲线的形成机制与实证检验[J].南方经济，2012 年第 6 期：85-95.

[113] 周国富,连飞.中国地区 GDP 数据质量评估——基于空间面板数据模型的经验分析[J].山西财经大学学报,2010 年第 8 期:17-23.

[114] 周国富,藏超.城市化与能源消费的动态相关性及其传导机制——基于 1978 年-2008 年的实证研究[J].经济经纬，2011 年第 3 期：62-66.

[115] 周国富,赵慧卿.能源消费影响因素分析——基于行业分解与地区分解之方法[J].现代财经，2012 年第 10 期：87-94.

[116] 周新.国际贸易中的隐含碳排放核算及贸易调整后的国家温室气体排放[J].管理评论，2010 第 6 期：17-23.

[117] 白卫国.全球温室气体减排自选择博弈研究及实证分析[D].首都经济贸易大学，2011 年.

[118] 陈红蕾.自由贸易的环境效应研究——基于中国工业进出口贸易的实证分析［D］.暨南大学，2010 年.

[119] 陈红敏.我国对外贸易的能源环境影响——基于隐含流的研究[D].复旦大学，2009 年.

[120] 陈晓旭.中国出口贸易中的隐含碳及其影响因素研究[D].南京航空航天大学，2012 年.

[121] 贺红兵.我国碳排放影响因素分析[D].华中科技大学,2012 年.

[122] 杭雷鸣.我国能源消费结构问题研究[D].上海交通大学，2007 年.

[123] 李静.农村劳动力转移的区域经济增长效应研究[D].天津财经大学，2013 年.

[124] 刘洪涛.中国最终需求变动对能源消费的影响效应研究[D].西安交通大学，2011 年.

[125] 刘小敏. 中国2020年碳排放强度目标的情景分析——基于重点部门的研究[D].中国社会科学院，2011 年.

[126] 谭飞燕.低碳经济背景下中国对外直接投资模式转型研究[D].湖南大学，2011 年.

[127] 王佳.中国地区碳不平等：测度及影响因素[D].重庆大学，2012 年.

[128] 王毅刚.中国碳排放交易体系设计研究[D].中国社会科学院研究生院，2010 年.

[129] 吴明明.中国能源消费与经济增长关系研究[D].华中科技大学，2011 年.

[130] 肖海平.区域产业结构低碳转型研究——以湖南省为例[D].华东师范大学，2012 年.

[131] 肖志明.碳排放权交易机制研究——欧盟经验和中国经验[D].福建师范大学，2011 年.

[132] 许广月.中国能源消费、碳排放与经济增长关系的研究[D].华中科技大学，2010 年.

[133] 许士春.市场型环境政策工具对碳减排的影响机理及其优化研究[D].中国矿业大学，2012 年.

[134] 许泱.中国贸易、城市化对碳排放的影响研究[D].华中科技大学，2011 年.

[135] 闫云凤.中国对外贸易的隐含碳研究[D].华东师范大学，2011 年.

[136] Ang B W. Sector disaggregation, structural change and industrial energy consume analyze the interrelationships[J]. Energy,1993, 18(10):1033–1044.

[137] Ang B W and Choi K H. Decomposition of aggregate energy and gas emission intensities for industry: a refined divisia index method [J]. The Energy Journal, 1997,18(3):59-73.

[138] Ang B W and Liu F L.A new energy decomposition method:perfect in decomposition and consistent in aggregation [J].Energy, 2001,26: 537-547.

[139] Ang B W and Zhang F Q. A survey of index decomposition analysis in energy and environmental studies [J]. Energy, 2000,25: 1149-1176.

[140] Boyd G A, McDonald J F, Ross M, et al. Separating the changing composition of us manufacturing production from energy efficiency improvements: a divisia index approach [J]. Energy, 1987, 8(2):77-96.

[141] Chang Y F and Lin S J. Structural decomposition of industrial CO_2 emissions in Taiwan. An input-output approach[J]. Energy Policy, 1998, 26(1):5-12.

[142] Choi K H and Ang B W. Decomposition of aggregate energy intensity changes in two measures: difference and ratio [J]. Energy Economics, 2003,25: 615-624.

[143] Christopher L, Weber H, Matthews S.Quantifying the global and distributional aspects of American household carbon footprint [J].Ecological Economics,2008,16: 379-391.

[144] Doblin C P. Declining energy intensity in the US manufacturing sector [J].Energy, 1988,9(2):109-135.

[145] Fan Y, Liu L C, Wu G, et al. Changes in carbon intensity in China: empirical findings from 1980—2003 [J]. Ecological Economics, 2007,62: 683-691.

[146] Ferng J. Allocating the responsibility of CO_2 over-emissions from the perspectives of benefit principle and ecological deficit[J]. Ecological Economics,2003,46:121-141.

[147] Friedl B and Getzner M. Determinants of CO_2 emissions in a small open economy [J]. Ecological Economics, 2003,45: 133-148.

[148] Gallego B and Lenzen M. Consistent input-output formulation of shared consumer and producer responsibility[J].Economic Systems Research, 2005,17(4):365-391.

[149] Galeotti M, Lanza A, Pauli F. Reassessing the Environmental Kuznets Curve for CO_2 emissions: a robustness exercise [J]. Ecological Economics, 2006,57: 152-163.

[150] Galeotti M and Lanza A. Desperately seeking(Environmental) Kuznets, Working Paper, 1999.

[151] Govinda R, et al. Transport sector CO_2 emissions growth in Asia: underlying factors and policy options[J].Energy Policy,2009, 37:4523-4539.

[152] Greening L A, Davis W B, Schipper L. Decomposition of aggregate carbon intensity for the manufacturing sector: comparison of declining trends from 10 OECD countries for the period 1971—1991 [J].Energy Economics, 1998,20 (1) :43-65.

[153] Grubb M J and Sebenius J K. Participation allocation and adaptability in international tradable emission permit system for GHGs[R].control in OECD climate change: designing a tradable permit system.Paris:OECD,1992.

[154] Grossman G M and Krueger A B. Environmental impacts of a North American Free Trade Agreement, National Bureau of Economic Research Working Paper,1991,No. 3914.

[155] Hahn R W. Market power and ransferable property rights[J].Quarterly Journal of Eeonomics,1984,99(10):753-765.

[156] Hohne N, den Elzen M, Weiss M. Common but differentiated convergence (CDC): A new conceptual approach to long term climate policy[J].Climate Policy,2006,6 (2):181-199.

[157] Holtz-Eakin D and Thomas M S. Stoking the fires? CO_2 emissions and economic growth [J]. Journal of Public Economics, 1995,57: 85-101.

[158] Kim J H. Changes in consumption patterns and environmental degradation in Korea [J].Structural Change and Economic Dynamics, 2002 (13):1-48.

[159] Lantz V and Feng Q. Assessing income, population and technology impacts on CO_2 emissions in Canada, where's the EKC? [J]. Ecological Economics, 2006,57:229-238.

[160] Lenzen M. Primary energy and greenhouse gases embodied in Australian final consumption: an input-output analysis [J]. Energy Policy, 1998,26(6):495-506.

[161] Lenzen M. Agregation(in-) variance of shared responsibility: a case study of Australia[J]. Ecological Economics,2007,64(1):19-24.

[162] Lenzen M, Murray J, Sack F.et al. Shared producer and consumer responsibility: theory and practice[J].Ecological Economics, 2007,61(1) : 27-42.

[163] Liu C C.A study on decomposition of industry energy consumption [J]. International Research Journal of Finance and Economics, 2006(6):73-77.

[164] Liu X Q, Ang B W, Ong H L.The application of the divisia index to the decomposition of changes in industrial energy consumption [J]. Energy, 1992,13(4):161-177.

[165] Liu X B, et al. Analyses of CO_2 emissions embodied in China-Japan trade[J].Energy Policy,2010,38:1510-1518.

[166] Martin W. The Carbon Kuznets Curve: a cloudy picture emitted by bad econometrics? [J]. Resource and Energy Economics, 2008,30:388-408.

[167] Meyer A. Contraction and convergence: the global solution to climate change[M]. Devon: Green Books Ltd, 2001.

[168] Misiolek W S and Elder H W. Exclusionary manipulation of markets for pollution rights[J]. Journal of Environmental Economics and Management,1989,16:156-166.

[169] Moomaw W R and Unruh G C. Are Environmental Kuznets Curve misleading US? The case of CO_2 emissions, special issue on Environmental Kuznets Curves [J]. Environmental and Development Economics, 1997(2): 451-463.

[170] Mukhopadhyay K. Impact of trade on energy use and environment in india: an input-output analysis[J]. Paper presented for International conference, 2004.

[171] Munksgaard J and Pedersen K A. CO_2 accounts for open economies: producer or consumer responsibility?[J]. Energy policy,2001, 29:327-334.

[172] Panayotou T, Sachs J, Peterson A. Developing countries and

the control of climate change: a theoretical perspective and policy implications[J]. CAER Discussion Paper, 1999,44.

[173] Peters G P and Hertwich E G.CO_2 embodied in international trade with implications for global climate policy[J].Environmental Science and Technology,2008,42: 1401-1407.

[174] Peters G P. From production-based to consumption-based national emission inventories[J].Ecological Economics, 2008(1):13-23.

[175] Rhee H C and Chung H S. Change in CO_2 emission and its transmission between Korea and Japan using international input-out analysis [J]. Ecological Economics, 2006,58 (4):788-800.

[176] Rodrigues J, Domingos T, Giljum S et al. Designing an indicator of environmental responsibility [J].Ecological Economics, 2006,59(3) : 256-266.

[177] Schaeffer R and AndréLeal de Sá.The embodiment of carbon associated with Brazilian imports and exports[J].Energy Conversion and Management,1996,37:955-960.

[178] Shui B and Harriss R C. The role of CO_2 embodiment in US-China trade[J].Energy Policy, 2006,34:4063-4068.

[179] Stacins R N. Transactions costs and tradable Permits[J]. Journal of Environmental Economics and Management,1995,29: 133-148.

[180] Yoichi Kaya. Impact of carbon dioxide emission on GNP growth: interpretation of proposed scenarios. presentation to the energy and industry subgroup, Response Strategies Working Group, IPCC, Paris, 1989.

[181] Zhang Y. Supply-Side structural effect on carbon emissions in China[J]. Energy Economics, 2010,32: 186-193.

附　录

附表 1　2002 年我国各省区碳排放转移　　单位：万吨

省区	省际调出	省际调入	省际净调出	出口	进口	净出口	净输出
北京	4388	8423	- 4035	1864	1138	727	- 3308
天津	3041	6655	- 3614	3058	1104	1954	- 1660
河北	15222	20999	- 5778	2373	679	1693	- 4085
山西	19917	2102	17815	6564	942	5622	23437
内蒙古	7252	3695	3557	1078	707	371	3928
辽宁	12714	5623	7091	8909	3750	5158	12249
吉林	9061	5354	3707	596	602	-6	3701
黑龙江	4900	9762	- 4862	1348	485	863	- 3999
上海	4735	10695	- 5960	6021	3050	2972	- 2988
江苏	8653	8881	- 228	6951	2231	4721	4493
浙江	6036	9400	- 3363	5984	844	5140	1776
安徽	4616	6761	- 2145	1042	361	681	- 1464
福建	1641	2907	- 1266	2155	518	1637	371
江西	1908	3169	- 1262	452	178	274	- 88
山东	11576	8759	2817	6418	1822	4596	7414
河南	7324	6783	541	1068	260	808	1349
湖北	5149	3485	1664	798	433	365	2029
湖南	2765	4002	- 1238	602	196	406	- 832
广东	8341	10534	- 2193	10168	3679	6489	4296
广西	1720	4183	- 2462	460	92	368	- 2095
海南	224	1003	- 779	95	68	27	- 752
重庆	2724	1683	1041	602	286	316	1356
四川	4126	2567	1559	1046	280	766	2325
贵州	2522	1750	772	583	180	403	1175
云南	1651	1968	317	625	218	407	90
陕西	2752	5999	- 3247	739	326	412	- 2835
甘肃	3628	4018	- 389	382	242	139	- 250
青海	408	775	- 367	72	16	55	- 312
宁夏	2009	1186	823	483	173	311	1134
新疆	3447	1330	2117	1006	270	736	2853
合计	164451	164451	0	73541	25132	48409	48409

附表 2-1　2002 年我国各省区碳排放转出比例矩阵　　单位：%

省区	北京	天津	河北	山西	内蒙古	辽宁	吉林	黑龙江	上海	江苏	浙江
北京	43.84	6.33	11.01	0.70	1.19	3.54	0.74	2.04	1.14	1.71	0.84
天津	1.83	40.27	4.91	0.57	1.06	1.14	0.53	0.77	4.67	1.84	3.29
河北	5.87	3.54	54.58	1.56	2.07	0.79	1.16	2.28	3.45	4.01	1.68
山西	2.80	1.78	16.68	55.64	0.89	0.80	0.25	0.21	0.27	0.48	0.28
内蒙古	5.40	3.53	8.31	1.37	53.39	1.40	1.63	5.59	0.25	3.28	0.13
辽宁	1.26	1.95	3.01	0.32	1.14	47.82	6.01	5.19	1.72	1.26	1.45
吉林	1.97	0.93	7.80	0.14	1.08	12.61	26.43	27.47	0.74	0.90	0.41
黑龙江	2.69	0.37	2.40	0.15	1.29	4.75	5.26	72.63	0.20	0.25	0.11
上海	1.24	0.88	0.85	0.08	0.06	0.74	0.31	0.65	48.28	3.26	3.70
江苏	0.32	0.73	0.70	0.34	0.12	0.39	0.26	0.47	5.80	47.64	4.41
浙江	0.36	1.45	0.88	0.14	0.12	1.17	0.18	0.33	7.19	3.00	38.14
安徽	0.43	0.26	2.14	0.16	0.07	0.24	0.08	1.06	5.24	3.61	3.99
福建	0.21	0.34	0.53	0.08	0.05	0.49	0.06	0.30	2.70	3.62	3.94
江西	0.26	0.08	0.59	0.23	0.08	0.10	0.20	0.15	0.98	0.63	4.65
山东	1.11	0.92	4.57	0.69	0.20	0.75	0.32	1.01	3.16	2.56	3.09
河南	0.71	0.12	0.94	0.83	0.87	0.09	0.38	0.45	0.34	1.64	0.47
湖北	0.64	0.52	1.02	0.34	0.09	0.28	0.17	0.41	1.79	2.29	1.34
湖南	0.29	0.14	0.82	0.12	0.10	0.08	0.24	0.43	0.82	0.41	0.99
广东	0.34	0.77	0.65	0.07	0.06	0.60	0.11	0.37	3.75	1.24	5.80
广西	0.23	0.30	0.95	0.09	0.05	0.18	0.20	0.15	1.03	1.34	1.80
海南	0.22	0.20	0.22	0.02	0.02	0.20	0.04	0.02	1.56	0.83	0.84
重庆	0.31	0.37	1.11	0.07	0.06	0.28	0.09	0.33	1.19	1.91	1.24
四川	0.39	0.21	0.62	0.16	0.10	0.17	0.19	0.51	0.91	0.58	0.73
贵州	0.34	0.08	1.13	0.05	0.09	0.04	0.04	0.24	0.33	0.32	0.76
云南	0.14	0.09	0.90	0.09	0.07	0.05	0.06	0.04	0.39	0.28	0.55
陕西	0.52	0.25	1.81	0.30	0.13	0.10	0.05	0.09	0.62	2.20	0.89
甘肃	1.23	0.39	4.01	0.22	0.79	0.56	0.16	0.55	0.35	1.59	0.46
青海	0.57	0.50	1.28	0.28	0.52	0.14	0.07	2.30	0.28	0.35	0.24
宁夏	1.79	1.66	2.80	0.07	2.35	0.68	0.13	2.00	0.54	0.13	0.20
新疆	0.46	0.87	1.90	0.10	4.46	0.09	0.11	0.17	0.62	1.07	0.30
进口	4.53	4.39	2.70	3.75	2.81	14.92	2.40	1.93	12.13	8.88	3.36

附表 2-2　2002 年我国各省区碳排放转出比例矩阵　　　单位：%

省区	安徽	福建	江西	山东	河南	湖北	湖南	广东	广西	海南	重庆
北京	0.74	0.06	0.36	1.73	1.50	0.28	0.42	0.98	0.47	0.00	0.37
天津	0.76	0.34	0.30	1.33	0.36	0.32	0.52	3.35	0.39	0.08	0.14
河北	1.68	1.14	0.26	2.89	1.34	0.38	0.42	1.96	0.39	0.07	0.19
山西	0.59	0.13	0.42	0.62	2.33	1.28	0.72	0.25	0.07	0.00	0.04
内蒙古	0.11	0.00	0.10	2.23	4.03	0.07	0.15	0.29	0.04	0.00	0.05
辽宁	0.41	0.36	0.15	2.63	0.41	0.21	0.26	1.98	0.12	0.08	0.13
吉林	0.46	0.01	0.94	11.82	0.43	0.11	0.15	0.29	0.10	0.00	0.06
黑龙江	0.17	0.06	0.06	1.51	1.46	0.06	0.03	0.16	0.03	0.00	0.03
上海	1.71	0.44	0.51	1.58	0.42	0.49	0.47	2.97	0.49	0.20	0.30
江苏	2.67	1.31	0.42	1.86	1.86	0.50	0.53	3.68	0.35	0.51	0.19
浙江	1.68	2.70	2.64	1.51	0.27	0.43	0.58	3.81	0.90	0.26	0.27
安徽	61.25	1.33	2.49	3.81	1.19	0.60	0.46	2.89	0.32	0.06	0.19
福建	0.88	52.72	0.70	0.50	0.37	0.82	0.44	2.86	0.43	0.11	0.16
江西	1.24	2.70	70.57	0.40	0.75	0.61	2.65	2.87	2.12	0.08	0.16
山东	3.42	0.32	0.39	56.65	1.24	0.41	0.66	1.80	0.15	0.08	0.18
河南	3.12	0.39	0.85	0.64	69.37	3.28	1.57	0.80	0.69	0.00	0.18
湖北	1.31	0.44	1.05	3.13	1.79	67.92	1.36	4.26	0.83	0.18	0.45
湖南	0.52	0.36	2.22	0.22	0.65	0.54	72.20	8.05	2.32	0.01	0.27
广东	1.58	0.88	0.51	1.08	0.48	0.57	3.43	35.31	2.61	0.92	0.47
广西	0.87	0.48	0.57	0.84	0.79	0.53	0.77	7.29	63.70	2.35	0.68
海南	0.22	0.20	0.09	0.43	0.09	0.23	0.45	9.51	0.61	75.42	0.52
重庆	1.08	0.37	0.29	2.97	0.83	0.73	0.43	7.30	2.20	2.07	57.30
四川	0.55	0.17	0.35	0.37	1.15	0.88	0.34	1.93	2.75	0.20	1.49
贵州	0.27	0.21	0.54	0.23	0.54	0.30	1.50	2.74	5.93	0.02	3.04
云南	0.21	0.09	0.80	0.17	0.50	0.19	0.65	2.19	4.91	0.01	0.60
陕西	1.34	0.10	0.79	0.49	3.55	1.58	0.88	0.51	0.30	0.00	0.29
甘肃	1.78	0.10	0.15	0.30	2.73	0.49	0.45	0.87	0.12	0.00	1.35
青海	0.18	0.00	0.10	0.18	2.08	0.28	0.25	0.89	0.12	0.00	0.37
宁夏	0.24	0.12	0.04	0.50	0.97	0.15	0.13	0.46	0.05	0.00	0.11
新疆	0.22	0.00	0.10	1.48	2.21	0.32	0.09	0.48	0.06	0.00	0.32
进口	1.44	2.06	0.71	7.25	1.03	1.72	0.78	14.64	0.37	0.27	1.14

附表 2-3　2002 年我国各省区碳排放转出比例矩阵　　单位：%

省区	四川	贵州	云南	陕西	甘肃	青海	宁夏	新疆	出口	合计
北京	0.42	0.20	0.19	1.31	0.52	0.02	0.27	0.36	16.75	100
天津	0.18	0.03	0.06	0.27	0.16	0.01	0.32	0.28	29.95	100
河北	0.18	0.05	0.12	1.07	0.23	0.02	0.19	0.31	6.12	100
山西	0.22	0.02	0.04	1.25	0.44	0.07	0.36	0.08	11.00	100
内蒙古	0.14	0.08	0.04	0.59	0.71	0.06	0.77	0.21	6.03	100
辽宁	0.12	0.02	0.03	0.25	0.08	0.02	0.05	0.06	21.50	100
吉林	0.16	0.03	0.07	0.13	0.03	0.01	0.12	0.05	4.54	100
黑龙江	0.08	0.02	0.04	0.21	0.01	0.01	0.02	0.03	5.91	100
上海	0.47	0.10	0.29	0.28	0.10	0.01	0.04	0.14	28.96	100
江苏	0.33	0.06	0.13	0.42	0.40	0.04	0.04	0.19	23.32	100
浙江	0.32	0.19	0.22	0.18	0.07	0.02	0.03	0.18	30.79	100
安徽	0.26	0.10	0.11	0.30	0.13	0.00	0.02	0.07	7.14	100
福建	0.20	0.10	0.16	0.21	0.06	0.01	0.04	0.07	26.84	100
江西	0.81	0.53	0.43	0.32	0.06	0.01	0.02	0.07	5.64	100
山东	0.11	0.02	0.04	0.37	0.13	0.03	0.07	0.09	15.46	100
河南	0.32	0.09	0.06	4.38	2.75	0.28	0.30	0.19	3.90	100
湖北	0.96	0.34	0.41	2.00	0.11	0.04	0.04	0.18	4.30	100
湖南	0.30	1.93	0.41	0.30	0.13	0.01	0.02	0.13	4.97	100
广东	0.54	0.92	0.78	0.31	0.12	0.01	0.04	0.14	35.54	100
广西	1.28	2.51	3.14	0.11	0.05	0.00	0.01	0.03	7.66	100
海南	0.59	0.01	0.04	0.04	0.01	0.00	0.01	0.03	7.33	100
重庆	5.87	1.52	0.59	1.01	0.23	0.01	0.05	0.44	7.73	100
四川	66.27	2.85	3.51	4.10	0.79	0.04	0.28	0.57	6.82	100
贵州	1.02	70.81	3.40	0.46	0.03	0.00	0.01	0.05	5.48	100
云南	1.24	1.98	76.33	0.68	0.12	0.00	0.07	0.11	6.50	100
陕西	1.47	0.12	0.35	68.80	4.19	0.65	0.28	0.75	6.60	100
甘肃	2.36	0.17	0.43	6.16	56.83	3.89	3.11	4.30	4.11	100
青海	0.83	0.02	0.12	2.77	9.71	69.06	0.79	1.10	4.61	100
宁夏	0.70	0.01	0.07	5.12	7.00	1.32	62.47	0.91	7.28	100
新疆	0.91	0.04	0.19	4.39	10.89	0.52	1.00	56.89	9.74	100
进口	1.11	0.72	0.87	1.30	0.96	0.07	0.69	1.08	0	100

附表 3-1　2002 年我国各省区碳排放转入比例矩阵　　　　单位：%

省区	北京	天津	河北	山西	内蒙古	辽宁	吉林	黑龙江	上海	江苏	浙江
北京	27.53	4.68	2.74	0.20	0.83	0.99	0.74	0.81	0.39	0.60	0.46
天津	1.05	27.30	1.12	0.15	0.68	0.29	0.48	0.28	1.46	0.59	1.67
河北	12.83	9.12	47.21	1.55	5.01	0.76	4.01	3.12	4.10	4.89	3.24
山西	9.44	7.05	22.23	85.21	3.33	1.19	1.35	0.44	0.50	0.90	0.83
内蒙古	5.45	4.18	3.32	0.63	59.68	0.63	2.61	3.54	0.14	1.85	0.12
辽宁	2.94	5.35	2.78	0.34	2.96	49.50	22.30	7.62	2.19	1.64	3.00
吉林	1.46	0.81	2.29	0.05	0.89	4.14	31.07	12.77	0.30	0.37	0.27
黑龙江	3.46	0.55	1.22	0.09	1.84	2.71	10.75	58.73	0.14	0.18	0.12
上海	1.46	1.21	0.39	0.04	0.08	0.38	0.57	0.48	30.80	2.14	3.83
江苏	0.54	1.45	0.47	0.26	0.22	0.29	0.69	0.50	5.30	44.71	6.54
浙江	0.40	1.87	0.38	0.07	0.14	0.57	0.31	0.22	4.28	1.83	36.88
安徽	0.35	0.26	0.70	0.06	0.06	0.09	0.10	0.55	2.35	1.66	2.90
福建	0.10	0.18	0.10	0.02	0.03	0.10	0.04	0.09	0.66	0.92	1.58
江西	0.12	0.04	0.11	0.05	0.04	0.02	0.15	0.04	0.24	0.16	1.86
山东	2.60	2.53	4.23	0.73	0.53	0.78	1.18	1.49	4.03	3.34	6.38
河南	1.10	0.22	0.58	0.58	1.48	0.06	0.94	0.43	0.28	1.41	0.64
湖北	0.67	0.64	0.42	0.16	0.10	0.13	0.29	0.27	1.02	1.34	1.24
湖南	0.20	0.11	0.22	0.04	0.08	0.02	0.26	0.18	0.30	0.16	0.60
广东	0.54	1.46	0.42	0.05	0.12	0.43	0.28	0.37	3.30	1.12	8.26
广西	0.08	0.12	0.13	0.01	0.02	0.03	0.11	0.03	0.19	0.25	0.54
海南	0.02	0.02	0.01	0.00	0.00	0.01	0.00	0.00	0.06	0.03	0.05
重庆	0.14	0.19	0.19	0.01	0.03	0.05	0.07	0.09	0.28	0.47	0.48
四川	0.34	0.22	0.21	0.06	0.10	0.07	0.27	0.28	0.43	0.28	0.56
贵州	0.20	0.06	0.27	0.01	0.06	0.01	0.04	0.09	0.11	0.11	0.40
云南	0.07	0.06	0.19	0.02	0.04	0.01	0.05	0.01	0.12	0.09	0.26
陕西	0.33	0.19	0.45	0.09	0.09	0.03	0.05	0.03	0.21	0.78	0.50
甘肃	0.64	0.24	0.83	0.05	0.46	0.13	0.13	0.18	0.10	0.46	0.21
青海	0.05	0.05	0.04	0.01	0.05	0.01	0.01	0.13	0.01	0.02	0.02
宁夏	0.67	0.73	0.41	0.01	0.98	0.11	0.07	0.47	0.11	0.03	0.07
新疆	0.27	0.59	0.44	0.03	2.88	0.02	0.04	0.06	0.20	0.35	0.16
进口	24.97	28.52	5.90	9.40	17.21	36.45	20.99	6.68	36.40	27.33	16.34
合计	100	100	100	100	100	100	100	100	100	100	100

附表 3-2 2002 年我国各省区碳排放转入比例矩阵　　　　单位：%

省区	安徽	福建	江西	山东	河南	湖北	湖南	广东	广西	海南	重庆
北京	0.48	0.07	0.42	0.49	0.62	0.18	0.35	0.31	0.63	0.00	0.57
天津	0.45	0.38	0.32	0.35	0.14	0.19	0.39	0.98	0.48	0.35	0.20
河北	3.80	4.83	1.04	2.85	1.94	0.84	1.22	2.17	1.80	1.23	1.00
山西	2.07	0.86	2.64	0.94	5.19	4.30	3.18	0.42	0.47	0.00	0.31
内蒙古	0.11	0.01	0.19	1.01	2.69	0.07	0.20	0.15	0.08	0.00	0.11
辽宁	1.00	1.63	0.66	2.77	0.63	0.49	0.81	2.35	0.58	1.42	0.77
吉林	0.35	0.01	1.30	3.94	0.21	0.08	0.15	0.11	0.16	0.00	0.11
黑龙江	0.23	0.16	0.15	0.87	1.24	0.08	0.06	0.11	0.08	0.00	0.09
上海	2.08	0.99	1.12	0.84	0.32	0.57	0.72	1.77	1.23	1.90	0.86
江苏	4.65	4.27	1.30	1.41	2.06	0.84	1.17	3.14	1.24	6.79	0.77
浙江	1.90	5.72	5.39	0.75	0.20	0.47	0.83	2.12	2.09	2.25	0.71
安徽	52.26	2.12	3.82	1.41	0.65	0.50	0.50	1.21	0.56	0.40	0.38
福建	0.41	46.23	0.59	0.10	0.11	0.37	0.26	0.66	0.41	0.38	0.17
江西	0.58	2.36	59.43	0.08	0.23	0.28	1.57	0.66	2.03	0.28	0.17
山东	8.29	1.46	1.71	59.74	1.92	0.97	2.04	2.14	0.73	1.46	1.02
河南	4.99	1.17	2.45	0.44	70.91	5.07	3.18	0.63	2.27	0.00	0.66
湖北	1.42	0.89	2.05	1.47	1.24	70.89	1.87	2.26	1.83	1.46	1.14
湖南	0.37	0.47	2.82	0.07	0.29	0.37	64.73	2.79	3.36	0.04	0.45
广东	2.64	2.74	1.54	0.78	0.51	0.92	7.28	28.91	8.92	11.76	1.84
广西	0.31	0.32	0.36	0.13	0.18	0.18	0.34	1.25	45.72	6.29	0.56
海南	0.02	0.03	0.01	0.01	0.00	0.02	0.04	0.35	0.09	43.58	0.09
重庆	0.49	0.32	0.23	0.59	0.24	0.32	0.25	1.63	2.05	7.18	61.48
四川	0.49	0.29	0.56	0.15	0.66	0.76	0.39	0.84	5.04	1.33	3.15
贵州	0.17	0.25	0.61	0.06	0.21	0.18	1.18	0.83	7.54	0.08	4.46
云南	0.12	0.09	0.80	0.04	0.18	0.10	0.46	0.60	5.64	0.04	0.80
陕西	0.88	0.12	0.93	0.14	1.48	0.99	0.73	0.16	0.41	0.00	0.45
甘肃	0.97	0.10	0.14	0.07	0.95	0.26	0.31	0.23	0.14	0.00	1.72
青海	0.02	0.00	0.02	0.01	0.12	0.02	0.03	0.04	0.02	0.00	0.08
宁夏	0.09	0.09	0.03	0.08	0.24	0.05	0.07	0.09	0.04	0.00	0.10
新疆	0.13	0.00	0.11	0.39	0.85	0.19	0.07	0.14	0.07	0.00	0.45
进口	8.22	22.03	7.28	18.01	3.78	9.48	5.64	40.95	4.29	11.77	15.34
合计	100	100	100	100	100	100	100	100	100	100	100

171

中国省区间碳减排责任分摊研究

附表 3-3 2002 年我国各省区碳排放转入比例矩阵　　单位：%

省区	四川	贵州	云南	陕西	甘肃	青海	宁夏	新疆	出口
北京	0.34	0.22	0.21	0.97	0.56	0.13	0.50	0.48	2.53
天津	0.13	0.03	0.06	0.19	0.15	0.05	0.54	0.34	4.16
河北	0.50	0.21	0.46	2.76	0.86	0.33	1.20	1.47	3.23
山西	0.95	0.10	0.26	4.98	2.59	2.16	3.56	0.54	8.93
内蒙古	0.18	0.15	0.07	0.71	1.23	0.56	2.29	0.45	1.47
辽宁	0.37	0.08	0.14	0.68	0.31	0.38	0.34	0.28	12.11
吉林	0.16	0.03	0.10	0.12	0.04	0.04	0.27	0.08	0.81
黑龙江	0.14	0.04	0.09	0.33	0.03	0.09	0.09	0.07	1.83
上海	0.70	0.21	0.59	0.39	0.19	0.11	0.14	0.35	8.19
江苏	0.72	0.18	0.39	0.85	1.17	0.59	0.18	0.70	9.45
浙江	0.45	0.38	0.42	0.23	0.14	0.17	0.10	0.41	8.14
安徽	0.27	0.15	0.16	0.29	0.18	0.03	0.05	0.12	1.42
福建	0.11	0.08	0.12	0.11	0.04	0.03	0.05	0.06	2.93
江西	0.47	0.42	0.34	0.17	0.05	0.03	0.03	0.07	0.61
山东	0.32	0.10	0.15	1.03	0.53	0.73	0.49	0.47	8.73
河南	0.63	0.24	0.17	8.02	7.35	4.04	1.38	0.64	1.45
湖北	1.28	0.62	0.75	2.47	0.20	0.38	0.14	0.41	1.08
湖南	0.26	2.33	0.49	0.24	0.15	0.05	0.05	0.19	0.82
广东	1.12	2.64	2.21	0.58	0.34	0.21	0.17	0.49	13.83
广西	0.56	1.51	1.86	0.05	0.03	0.00	0.01	0.02	0.63
海南	0.06	0.00	0.01	0.00	0.00	0.00	0.00	0.00	0.13
重庆	3.31	1.19	0.46	0.53	0.17	0.03	0.07	0.42	0.82
四川	73.55	4.37	5.30	4.20	1.19	0.31	0.73	1.06	1.42
贵州	0.79	75.45	3.56	0.33	0.04	0.00	0.02	0.06	0.79
云南	0.87	1.90	72.28	0.44	0.11	0.02	0.11	0.13	0.85
陕西	1.19	0.13	0.39	51.43	4.58	3.80	0.51	1.02	1.00
甘肃	1.59	0.16	0.39	3.82	51.56	18.95	4.82	4.83	0.52
青海	0.09	0.00	0.02	0.29	1.47	56.07	0.20	0.21	0.10
宁夏	0.34	0.01	0.04	2.27	4.54	4.58	69.08	0.73	0.66
新疆	0.68	0.04	0.20	3.03	10.99	2.80	1.72	71.16	1.37
进口	7.88	7.02	8.34	8.49	9.21	3.34	11.18	12.73	0.00
合计	100	100	100	100	100	100	100	100	100

172

附表4　2007年我国各省区碳排放转移　　　　单位：万吨

省区	省际调出	省际调入	国内净调出	出口	进口	净出口	净输出
北京	4935	19230	- 14295	3442	1628	1815	- 12481
天津	8024	20008	- 11983	4694	963	3731	- 8252
河北	55254	44481	10773	6902	2510	4392	15165
山西	52629	7141	45489	11930	2706	9224	54712
内蒙古	32237	8126	24111	2198	888	1310	25421
辽宁	30488	17588	12900	14866	3194	11672	24573
吉林	14058	21910	- 7852	1110	639	472	- 7380
黑龙江	20587	12194	8393	3553	673	2880	11273
上海	9050	29501	- 20450	13574	3089	10485	- 9965
江苏	19167	40629	- 21462	24604	4031	20573	- 889
浙江	11275	38060	- 26786	14508	2337	12171	- 14614
安徽	15331	13295	2036	2471	1004	1468	3503
福建	4473	8830	- 4357	6761	739	6022	1665
江西	4915	5520	- 605	1411	494	917	312
山东	26762	20981	5781	25013	3804	21209	26990
河南	33180	19904	13276	3443	1378	2065	15342
湖北	7038	7484	- 446	2581	616	1965	1519
湖南	11590	8307	3283	2172	910	1262	4544
广东	12827	54804	- 41977	28070	5332	22738	- 19239
广西	6301	7118	- 816	1198	379	819	3
海南	1542	574	968	694	445	249	1217
重庆	5811	7858	- 2046	896	428	468	- 1578
四川	8463	9419	- 956	2376	710	1666	710
贵州	14411	4417	9994	1474	522	952	10946
云南	12493	7091	5402	1769	715	1054	6456
陕西	17051	13578	3472	1590	616	974	4446
甘肃	7466	6545	921	1434	753	681	1602
青海	1310	1769	- 458	177	67	109	- 349
宁夏	5755	2456	3299	948	372	576	3874
新疆	10964	6570	4393	2709	416	2294	6687
合计	465387	465387	0	188568	42357	146211	146211

附表 5-1　2007 年我国各省区碳排放转出比例矩阵　　　单位：%

省区	北京	天津	河北	山西	内蒙古	辽宁	吉林	黑龙江	上海	江苏	浙江
北京	40.36	2.41	3.52	1.69	0.99	1.71	1.46	1.47	2.85	3.15	1.65
天津	2.67	15.96	3.55	0.96	0.91	2.75	2.58	2.06	3.47	6.04	3.62
河北	5.63	5.27	24.42	1.78	2.17	3.34	2.69	1.83	4.64	7.32	6.96
山西	1.77	1.64	16.40	40.23	0.54	0.69	0.99	0.30	1.32	5.35	3.34
内蒙古	3.82	6.58	8.38	0.91	30.29	4.04	7.09	1.34	4.77	5.20	4.25
辽宁	1.90	2.00	6.11	0.82	1.24	32.43	8.08	5.18	1.63	3.20	2.04
吉林	2.15	3.16	4.52	2.08	1.37	13.47	35.55	11.51	2.90	2.98	1.25
黑龙江	1.97	1.56	3.95	0.91	1.56	11.70	11.04	35.57	1.33	2.75	1.88
上海	1.85	1.52	1.85	0.90	0.81	0.98	0.70	1.48	18.87	2.16	2.63
江苏	1.32	0.87	2.07	0.50	0.66	1.02	0.68	0.71	2.51	29.97	4.11
浙江	0.62	0.60	1.22	0.31	0.34	0.40	0.54	0.38	4.37	3.06	34.84
安徽	2.08	1.60	2.75	0.84	0.80	0.76	1.57	0.69	7.05	9.30	7.96
福建	1.31	0.44	0.90	0.17	0.30	0.39	0.40	0.34	1.81	1.85	2.68
江西	0.73	0.59	0.71	0.22	0.26	0.46	0.82	0.30	2.64	2.65	4.03
山东	0.88	0.96	2.95	0.46	0.50	0.79	1.52	0.66	2.76	2.95	1.98
河南	1.14	1.54	3.98	0.62	0.87	0.84	0.96	0.51	3.84	5.82	6.54
湖北	0.53	0.79	0.74	0.17	0.23	0.18	0.11	0.15	2.23	1.17	1.08
湖南	0.93	0.70	1.35	0.28	0.53	0.38	0.44	0.34	2.19	1.99	4.14
广东	0.65	0.44	1.07	0.33	0.32	0.22	0.27	0.19	1.75	1.82	3.02
广西	1.61	1.33	1.11	0.42	0.43	0.33	0.29	0.20	2.12	2.13	3.09
海南	1.32	0.50	2.98	0.57	0.49	0.49	0.86	0.14	0.88	3.33	2.80
重庆	2.26	1.99	2.13	1.25	0.42	0.14	0.27	0.17	1.90	1.49	0.86
四川	0.92	0.98	1.30	0.39	0.55	0.39	0.30	0.19	1.12	1.25	1.37
贵州	0.51	1.18	1.73	0.37	0.24	0.25	0.25	0.17	2.30	2.89	3.25
云南	0.88	0.95	1.03	0.51	0.30	0.22	0.23	0.08	1.88	1.72	4.02
陕西	2.12	2.69	3.69	1.30	1.52	0.55	0.76	0.33	6.12	8.30	5.89
甘肃	1.70	1.12	3.89	0.52	0.48	0.44	0.65	0.10	3.17	6.15	8.45
青海	0.82	1.60	1.91	0.15	0.21	0.20	0.16	0.14	2.09	2.26	2.91
宁夏	2.77	3.27	5.10	1.04	0.76	0.87	0.40	0.49	2.27	4.48	3.25
新疆	2.42	2.34	3.28	0.69	0.65	0.46	1.00	0.19	2.40	4.51	4.69
进口	3.84	2.27	5.93	6.39	2.10	7.54	1.51	1.59	7.29	9.52	5.52

174

附表 5-2　2007 年我国各省区碳排放转出比例矩阵　　　　单位：%

省区	安徽	福建	江西	山东	河南	湖北	湖南	广东	广西	海南	重庆
北京	1.08	1.03	0.56	1.78	2.41	0.44	0.33	1.46	0.63	0.07	0.67
天津	1.48	0.80	0.55	1.71	3.01	0.73	0.74	4.97	0.41	0.03	1.25
河北	2.30	1.10	0.51	3.84	3.54	1.03	0.61	4.31	0.65	0.02	0.68
山西	0.98	0.32	0.21	4.18	1.85	1.00	0.28	5.27	0.15	0.01	0.14
内蒙古	1.37	0.90	0.43	4.14	2.57	0.99	0.43	3.03	0.35	0.03	0.46
辽宁	1.10	0.35	0.30	1.60	2.02	0.47	0.30	3.13	0.36	0.04	0.40
吉林	1.17	0.34	0.28	4.60	2.55	0.55	0.27	2.02	0.22	0.02	0.27
黑龙江	0.95	0.24	0.25	4.24	1.83	1.03	1.49	3.33	0.24	0.03	0.28
上海	1.28	1.17	0.45	1.41	2.48	0.28	0.60	5.02	0.39	0.07	0.57
江苏	1.99	0.73	0.43	1.17	2.02	0.27	0.59	3.42	0.29	0.01	0.29
浙江	1.69	1.65	0.56	0.90	0.92	0.31	0.86	6.39	0.60	0.07	0.26
安徽	38.31	1.65	0.87	2.37	3.45	0.64	0.76	3.72	0.35	0.03	0.32
福建	0.89	35.99	0.59	0.29	0.81	0.22	0.83	8.78	0.39	0.01	0.22
江西	1.46	2.23	62.17	0.47	0.65	0.62	1.58	6.97	0.43	0.04	0.26
山东	0.96	0.33	0.16	52.73	1.39	0.27	0.30	1.37	0.26	0.02	0.21
河南	2.04	0.94	0.79	2.37	44.07	1.22	1.24	4.98	0.79	0.05	0.77
湖北	0.35	1.00	1.16	1.21	0.56	68.46	1.38	5.21	1.22	0.04	0.80
湖南	1.28	1.51	0.76	0.71	1.26	0.83	52.76	12.12	2.01	0.25	0.84
广东	0.76	1.46	0.81	0.32	1.31	0.47	1.61	20.30	1.59	0.23	1.25
广西	0.71	1.11	0.87	1.44	1.21	1.05	1.15	16.11	45.87	0.17	2.72
海南	1.24	0.57	0.30	0.62	1.78	0.55	0.53	7.19	1.59	51.86	0.42
重庆	1.31	0.52	0.48	1.09	2.92	0.77	1.06	11.65	2.03	0.03	45.57
四川	0.48	0.54	0.62	1.92	1.23	0.46	0.91	4.49	0.74	0.05	2.80
贵州	0.75	0.96	2.16	0.90	3.29	0.55	1.93	19.19	3.79	0.08	3.35
云南	0.72	1.74	0.26	1.14	0.83	1.57	1.35	22.36	1.47	0.06	3.78
陕西	2.56	1.38	1.11	1.14	3.90	1.83	2.83	7.62	1.22	0.09	1.58
甘肃	0.92	0.46	0.54	0.62	1.82	0.75	0.68	3.99	0.40	0.02	0.88
青海	0.66	0.32	0.12	0.87	1.11	0.26	0.39	6.58	0.20	0.00	0.42
宁夏	0.78	0.48	0.32	2.23	1.79	0.40	0.19	3.50	0.35	0.05	0.31
新疆	1.23	0.69	0.36	1.41	2.04	1.06	0.66	4.11	0.46	0.27	0.58
进口	2.37	1.74	1.17	8.98	3.25	1.45	2.15	12.59	0.89	1.05	1.01

附表 5-3　2007 年我国各省区碳排放转出比例矩阵　　　　　单位：%

省区	四川	贵州	云南	陕西	甘肃	青海	宁夏	新疆	出口	合计
北京	0.46	0.57	0.75	1.04	0.21	0.17	0.18	0.38	24.51	100
天津	1.53	0.63	0.74	1.90	0.66	0.35	0.54	2.40	31.02	100
河北	1.32	0.42	0.53	2.78	0.38	0.15	0.33	1.03	8.39	100
山西	0.34	0.12	0.24	0.75	0.07	0.11	0.12	0.24	11.04	100
内蒙古	0.45	0.15	0.29	1.63	0.62	0.27	0.41	0.37	4.45	100
辽宁	0.56	0.30	0.56	0.75	0.22	0.19	0.21	0.36	22.15	100
吉林	0.23	0.16	0.24	0.55	0.13	0.06	0.20	0.47	4.72	100
黑龙江	0.69	0.17	0.31	0.48	0.25	0.11	0.17	0.20	9.48	100
上海	0.73	0.29	0.91	1.09	0.16	0.15	0.13	0.37	48.68	100
江苏	0.70	0.18	0.36	1.51	0.47	0.10	0.25	1.43	39.36	100
浙江	0.63	0.38	0.47	0.54	0.15	0.05	0.07	0.22	36.67	100
安徽	0.58	0.29	0.29	1.45	0.30	0.12	0.23	0.30	8.56	100
福建	0.33	0.18	0.21	0.43	0.23	0.03	0.05	0.41	38.52	100
江西	0.20	0.12	0.28	0.33	0.06	0.03	0.11	0.13	8.44	100
山东	0.53	0.11	0.27	1.04	0.19	0.07	0.16	0.38	22.84	100
河南	1.30	0.41	0.43	3.20	0.65	0.19	0.43	2.22	5.26	100
湖北	0.69	0.34	0.54	0.54	0.08	0.06	0.13	0.39	8.46	100
湖南	1.17	0.91	1.26	0.98	0.10	0.07	0.22	0.23	7.46	100
广东	0.97	1.14	1.55	0.80	0.14	0.08	0.09	0.30	54.70	100
广西	0.61	1.01	1.99	1.93	0.14	0.04	0.06	0.12	8.65	100
海南	1.25	0.55	0.87	0.45	0.31	0.23	0.20	0.17	14.94	100
重庆	2.45	1.24	6.91	1.14	0.19	0.04	0.18	0.26	7.27	100
四川	64.68	1.08	0.98	1.97	0.12	0.07	0.15	0.19	7.74	100
贵州	3.35	36.65	3.23	0.54	0.05	0.05	0.09	0.09	5.88	100
云南	1.53	2.33	39.48	1.18	0.23	0.03	0.10	0.52	7.51	100
陕西	3.05	0.88	0.77	27.07	1.67	0.37	0.50	0.93	6.22	100
甘肃	1.49	0.28	0.61	2.17	46.12	1.84	0.53	0.53	8.68	100
青海	1.48	0.18	0.17	1.09	11.08	55.33	0.99	1.00	5.31	100
宁夏	0.88	0.21	0.16	1.81	5.09	0.52	46.00	2.62	7.64	100
新疆	1.47	0.30	0.74	1.29	12.58	0.79	0.93	33.10	13.26	100
进口	1.68	1.23	1.69	1.45	1.78	0.16	0.88	0.98	0	100

附表 6-1　2007 年我国各省区碳排放转入比例矩阵　　　单位：%

省区	北京	天津	河北	山西	内蒙古	辽宁	吉林	黑龙江	上海	江苏	浙江
北京	21.37	1.45	0.74	0.44	0.58	0.57	0.66	0.79	1.06	0.70	0.43
天津	1.52	10.33	0.80	0.27	0.57	0.98	1.26	1.19	1.39	1.44	1.01
河北	17.44	18.54	29.94	2.75	7.45	6.45	7.17	5.74	10.09	9.50	10.56
山西	7.19	7.56	26.41	81.53	2.42	1.76	3.44	1.22	3.76	9.12	6.66
内蒙古	7.11	13.89	6.17	0.84	62.40	4.69	11.33	2.53	6.22	4.05	3.88
辽宁	4.81	5.73	6.11	1.03	3.48	51.15	17.55	13.28	2.90	3.39	2.52
吉林	1.90	3.18	1.59	0.92	1.34	7.45	27.07	10.34	1.80	1.11	0.54
黑龙江	2.78	2.50	2.21	0.64	2.43	10.31	13.38	50.88	1.31	1.63	1.30
上海	1.95	1.82	0.77	0.47	0.94	0.64	0.63	1.57	13.90	0.95	1.35
江苏	3.10	2.33	1.93	0.59	1.72	1.50	1.38	1.70	4.14	29.55	4.74
浙江	0.92	1.01	0.72	0.47	0.56	0.37	0.69	0.58	4.57	1.91	25.44
安徽	2.27	1.97	1.19	0.45	0.96	0.52	1.47	0.77	5.37	4.23	4.24
福建	0.87	0.33	0.23	0.06	0.22	0.16	0.23	0.23	0.84	0.51	0.87
江西	0.46	0.42	0.18	0.07	0.18	0.18	0.44	0.19	1.17	0.70	1.24
山东	3.63	4.48	4.82	0.94	2.30	2.04	5.37	2.78	7.98	5.10	4.00
河南	2.81	4.31	3.88	0.76	2.37	1.30	2.03	1.26	6.64	6.01	7.91
湖北	0.60	1.03	0.34	0.10	0.30	0.13	0.10	0.17	1.79	0.56	0.61
湖南	1.02	0.87	0.59	0.15	0.64	0.26	0.41	0.38	1.69	0.91	2.23
广东	1.26	0.96	0.82	0.32	0.69	0.27	0.45	0.38	2.37	1.47	2.86
广西	0.84	0.79	0.23	0.11	0.25	0.11	0.13	0.10	0.78	0.47	0.79
海南	0.23	0.10	0.21	0.05	0.09	0.05	0.13	0.02	0.11	0.24	0.24
重庆	1.05	1.05	0.39	0.29	0.22	0.04	0.11	0.08	0.62	0.29	0.20
四川	1.06	1.29	0.60	0.23	0.71	0.28	0.30	0.22	0.91	0.60	0.78
贵州	0.49	1.26	0.65	0.18	0.25	0.15	0.20	0.16	1.53	1.14	1.50
云南	0.78	0.96	0.36	0.22	0.29	0.12	0.18	0.07	1.17	0.64	1.75
陕西	2.04	2.94	1.40	0.62	1.62	0.33	0.63	0.32	4.13	3.35	2.78
甘肃	1.06	0.79	0.96	0.16	0.33	0.17	0.35	0.06	1.39	1.60	2.57
青海	0.10	0.23	0.09	0.01	0.03	0.02	0.02	0.02	0.18	0.12	0.18
宁夏	1.30	1.74	0.94	0.24	0.39	0.25	0.16	0.23	0.74	0.88	0.74
新疆	1.87	2.04	1.00	0.27	0.56	0.22	0.66	0.15	1.30	1.46	1.77
进口	6.14	4.12	3.74	5.08	3.70	7.51	2.07	2.57	8.16	6.36	4.31
合计	100	100	100	100	100	100	100	100	100	100	100

附表6-2　2007年我国各省区碳排放转入比例矩阵　　　　单位：%

省区	安徽	福建	江西	山东	河南	湖北	湖南	广东	广西	海南	重庆
北京	0.60	0.91	0.48	0.30	0.68	0.21	0.19	0.29	0.64	0.30	0.68
天津	0.88	0.76	0.51	0.31	0.91	0.38	0.46	1.07	0.45	0.15	1.37
河北	7.46	5.71	2.56	3.83	5.81	2.93	2.05	5.03	3.85	0.60	4.03
山西	4.16	2.15	1.38	5.47	3.99	3.74	1.24	8.07	1.19	0.20	1.12
内蒙古	2.67	2.79	1.29	2.48	2.54	1.68	0.86	2.12	1.25	0.44	1.62
辽宁	2.92	1.48	1.22	1.30	2.71	1.09	0.82	2.98	1.76	0.73	1.92
吉林	1.09	0.51	0.40	1.31	1.20	0.45	0.26	0.67	0.38	0.15	0.45
黑龙江	1.40	0.57	0.58	1.93	1.37	1.33	2.27	1.77	0.64	0.29	0.77
上海	1.40	2.05	0.77	0.48	1.38	0.27	0.68	1.98	0.79	0.61	1.15
江苏	4.90	2.88	1.64	0.88	2.51	0.58	1.50	3.03	1.33	0.27	1.31
浙江	2.64	4.11	1.36	0.43	0.72	0.43	1.38	3.59	1.71	0.26	0.74
安徽	43.60	2.99	1.53	0.83	1.99	0.64	0.90	1.52	0.72	0.28	0.66
福建	0.62	39.76	0.63	0.06	0.28	0.13	0.60	2.18	0.49	0.04	0.28
江西	0.97	2.35	63.35	0.10	0.22	0.36	1.08	1.65	0.52	0.20	0.31
山东	4.14	2.29	1.09	69.97	3.04	1.02	1.36	2.13	2.04	0.51	1.67
河南	5.28	3.89	3.16	1.88	57.56	2.76	3.30	4.62	3.74	0.92	3.62
湖北	0.42	1.93	2.16	0.45	0.34	72.05	1.72	2.25	2.68	0.36	1.77
湖南	1.48	2.76	1.34	0.25	0.73	0.84	62.51	5.00	4.22	2.12	1.77
广东	1.54	4.72	2.54	0.20	1.34	0.83	3.37	14.77	5.91	3.47	4.63
广西	0.39	0.97	0.74	0.24	0.34	0.50	0.65	3.16	45.88	0.69	2.71
海南	0.23	0.17	0.09	0.03	0.17	0.09	0.10	0.47	0.53	70.29	0.14
重庆	0.64	0.40	0.36	0.16	0.72	0.33	0.53	2.03	1.81	0.12	40.39
四川	0.58	1.05	1.16	0.71	0.75	0.49	1.13	1.95	1.64	0.47	6.19
贵州	0.75	1.52	3.30	0.27	1.64	0.48	1.97	6.82	6.86	0.58	6.04
云南	0.67	2.59	0.37	0.32	0.39	1.27	1.30	7.47	2.50	0.43	6.40
陕西	2.58	2.22	1.72	0.35	1.99	1.61	2.94	2.76	2.25	0.64	2.91
甘肃	0.60	0.48	0.55	0.12	0.60	0.43	0.46	0.93	0.47	0.08	1.05
青海	0.09	0.07	0.03	0.04	0.07	0.03	0.05	0.31	0.05	0.00	0.10
宁夏	0.38	0.37	0.24	0.34	0.44	0.17	0.09	0.62	0.32	0.19	0.28
新疆	0.99	0.89	0.45	0.35	0.83	0.75	0.55	1.19	0.68	1.63	0.86
进口	3.96	4.65	3.01	4.61	2.75	2.12	3.70	7.56	2.73	12.98	3.08
合计	100	100	100	100	100	100	100	100	100	100	100

附表 6-3　2007 年我国各省区碳排放转入比例矩阵　　　　单位：%

省区	四川	贵州	云南	陕西	甘肃	青海	宁夏	新疆	出口
北京	0.21	0.57	0.62	0.69	0.20	0.63	0.30	0.39	1.83
天津	0.77	0.67	0.65	1.36	0.67	1.42	0.96	2.64	2.49
河北	3.63	2.45	2.54	10.82	2.12	3.30	3.19	6.19	3.66
山西	1.22	0.91	1.53	3.86	0.50	3.35	1.55	1.90	6.33
内蒙古	0.74	0.53	0.84	3.82	2.05	3.59	2.37	1.34	1.17
辽宁	1.26	1.41	2.18	2.39	0.98	3.47	1.63	1.77	7.88
吉林	0.18	0.27	0.32	0.62	0.21	0.39	0.56	0.80	0.59
黑龙江	0.86	0.45	0.67	0.85	0.64	1.09	0.74	0.55	1.88
上海	0.68	0.56	1.49	1.44	0.30	1.16	0.44	0.75	7.20
江苏	1.45	0.82	1.32	4.46	1.96	1.71	1.80	6.51	13.05
浙江	0.83	1.06	1.09	1.01	0.39	0.58	0.31	0.62	7.69
安徽	0.56	0.60	0.49	1.98	0.57	0.93	0.79	0.62	1.31
福建	0.19	0.22	0.22	0.36	0.27	0.14	0.11	0.52	3.59
江西	0.11	0.15	0.27	0.26	0.07	0.14	0.22	0.15	0.75
山东	1.94	0.88	1.71	5.39	1.36	2.04	2.08	3.05	13.26
河南	2.83	1.89	1.65	9.91	2.86	3.34	3.28	10.60	1.83
湖北	0.70	0.73	0.97	0.78	0.17	0.50	0.45	0.87	1.37
湖南	1.14	1.88	2.15	1.35	0.20	0.56	0.75	0.49	1.15
广东	1.66	4.15	4.64	1.94	0.49	1.14	0.56	1.14	14.89
广西	0.28	0.99	1.61	1.26	0.13	0.16	0.10	0.12	0.64
海南	0.19	0.18	0.24	0.10	0.10	0.29	0.11	0.06	0.37
重庆	1.01	1.08	4.98	0.67	0.16	0.13	0.26	0.24	0.48
四川	66.21	2.34	1.76	2.86	0.24	0.55	0.55	0.43	1.26
贵州	2.81	65.04	4.73	0.64	0.08	0.31	0.27	0.17	0.78
云南	1.21	3.88	54.37	1.32	0.36	0.18	0.27	0.90	0.94
陕西	2.60	1.59	1.15	32.77	2.86	2.54	1.50	1.74	0.84
甘肃	0.82	0.33	0.59	1.70	51.07	8.25	1.04	0.64	0.76
青海	0.16	0.04	0.03	0.17	2.47	50.09	0.39	0.24	0.09
宁夏	0.36	0.19	0.11	1.06	4.23	1.76	66.87	2.36	0.50
新疆	1.00	0.43	0.88	1.25	17.24	4.41	2.23	49.19	1.44
进口	2.37	3.70	4.18	2.92	5.05	1.83	4.36	3.02	0
合计	100	100	100	100	100	100	100	100	100

后 记

　　本书以我的博士论文研究工作为基础，并在天津市哲学社会科学规划课题（TJTJ13-001）资助下做了补充与完善。

　　这项研究深深得益于我的导师周国富教授的悉心指导。付梓之际，首先要献上对恩师的衷心感谢！周老师博学多识、治学严谨、待人宽厚、平易近人。自 2002 年攻读硕士就师从周老师，是他引领我进入学术之旅。2005 年毕业后进入天津商业大学工作，同城之便使我比其他同门能更多地得到周老师的关照。就我在课题申请、论文发表等方面的疑惑周老师总是给予悉心指导和鼎力帮助。2011 年，作为一个两岁孩子的妈妈重返师门攻读博士时，又得到周老师一如既往的鼓励与支持。读博三年，我经历了从焦躁迷茫到充实欣喜的心路历程，完成了人生中又一次重要的蜕变。没有周老师的严格把关和热情鼓励，很难想象这部专著会是何种面貌。在此，献上对恩师深深的敬意和诚挚的感谢！

　　读博期间，得到了天津财经大学统计系各位老师的指导和帮助。我要特别感谢肖红叶教授、董麓教授、曹景林教授、李腊生教授、白仲林教授、杨贵军教授的指点与帮助。对王健、郑华章、李萌、刘磊、徐雪、张秀敏、李晓欣等老师给予的各方面帮助，也深表感谢。

　　能够顺利完成这项研究，还得益于天津商业大学经济学院各位领导的帮助与鼓励，特别感谢刘小军院长、王常柏副院长、巫建国副院长、梁学平主任对我科研工作的大力支持。统计教研室的同事池洁如老师、田立法老师、沈红丽老师在我读博期间替我承担了很多教学工作，使我有充足的时间和精力完成学业，在此一并表示感谢。本书得以付梓，还要特别感谢天津商业大学学科建设经费的资助！

最后，深深感谢我的父母与家人，他们的理解与支持是我的坚强后盾。特别感谢丈夫郝枫博士对我的无私奉献，他不但在生活上替我分担了很多家务，更在研究中与我一起分析讨论、为我排忧解难。论文的顺利完成，与他的鼓励与付出是分不开的。还要感谢儿子郝知照小朋友，他在我紧张的学习生活中带给我很多欢乐和欣慰。儿子聪明活泼，可爱至极，是全家的一颗开心果。我在学习期间给予他的关爱太少，种种遗憾与愧疚只能日后补偿。

由于本人水平所限，书中错误在所难免，恳请各位专家、学者批评指正。

赵慧卿

2015 年 4 月于天津